全国高职高专教育土建类专业教学指导委员会规划推荐教材

火灾自动报警系统
（MOOC版）

（建筑智能化工程技术专业适用）

主　编　谢社初　周友初
主　审　孙景芝

中国建筑工业出版社

图书在版编目（CIP）数据

火灾自动报警系统（MOOC 版)/谢社初，周友初主编. —北京：中国建筑工业出版社，2017.12（2024.6重印）
全国高职高专教育土建类专业教学指导委员会规划推荐教材
ISBN 978-7-112-21605-5

Ⅰ.①火… Ⅱ.①谢…②周… Ⅲ.①火灾自动报警-自动报警系统-高等职业教育-教材 Ⅳ.①TU998.1

中国版本图书馆 CIP 数据核字（2017）第 294043 号

本书是高职、高专建筑智能化工程技术专业系列教材之一。全书共分为五部分，内容包括火灾自动报警系统概论、火灾自动报警系统常用设备、消防联动控制系统、火灾自动报警系统设计实训、火灾自动报警与联动控制系统安装调试与检测。本书密切结合工程实际和职业能力需要，严格按照现行规范和标准要求编写，内容结构合理，注重实际应用。

本书可作为高职、高专建筑智能化工程技术专业、建筑电气工程技术专业以及相关专业的教材，也可供从事建筑消防、建筑电气工作的工程技术人员参考。

本书配套 MOOC 资源，请根据说明使用。如需课件，请与责编联系 524633479@qq.com。

责任编辑：张　健　朱首明　李　慧
责任校对：党　蕾

全国高职高专教育土建类专业教学指导委员会规划推荐教材
火灾自动报警系统（MOOC 版）
（建筑智能化工程技术专业适用）
主　编　谢社初　周友初
主　审　孙景芝

*

中国建筑工业出版社出版、发行（北京海淀三里河路 9 号）
各地新华书店、建筑书店经销
北京红光制版公司制版
建工社（河北）印刷有限公司印刷

*

开本：787×1092毫米　1/16　印张：13¼　字数：326 千字
2018 年 2 月第一版　　2024 年 6 月第八次印刷
定价：**29.00** 元（赠课件）
ISBN 978-7-112-21605-5
（31255）

建筑设备类教材编审委员会名单

MOOC 版前言

本书依据教育部、住建部制订的高职高专《建筑智能化工程技术专业教学基本要求》中对火灾自动报警课程的课程标准编写。在编写过程中，为体现教学改革和课程改革精神，我们与建筑消防工程行业专业及相关技术人员一起对火灾自动报警与消防联动控制系统的设计和施工的工作内容和工作过程进行研究分析，提炼出典型的工作任务，认真选取和组合教材内容，形成学习任务。

本书内容包括火灾报警的基本知识、火灾自动报警系统常用设备、消防联动控制系统、火灾自动报警与消防联动控制系统设计、火灾自动报警与消防联动控制系统安装调试与检测五个项目。

本书采用理论与实践一体化编写模式，以真实的工作环境为学习背景，以真实的工作内容、过程为学习任务。本书的特点主要表现在：第一，课程内容的实用性强。本书将火灾自动报警系统的基础知识、常用设施设备、工程设计、安装调试与检测等内容进行了有机的组合，形成了一个较完整的体系，为教学组织和学生的学习提供了方便；第二，本书在内容的选取方面体现了职业教育的特点，强调理论的应用性，以必需、够用为度，尽量通俗易懂，避免过广过深，注重技能训练，紧密结合工程实际，充分体现以能力为本位的职业教育理念；第三，注重反映消防技术领域的新知识、新技术、新产品，注意贯彻国家及行业的最新标准和规范。

本书充分利用互联网和图像识别技术，由深圳市松大科技有限公司制作成 MOOC 全媒体课程资源库，教材中的知识点、技能点通过 FLASH、3D 模型、3D 仿真、视频等形式展示，每章节都有习题和案例题库供读者复习巩固之用。上述全部资源都在书中相应位置设有二维码，读者可以通过扫描封底二维码下载松大 MOOC APP，打开软件扫码功能，在书中附有二维码的地方进行扫描识别，查看资源。

全书由谢社初、周友初任主编。谢社初对全书进行了统稿。参加本书编写的还有企业专家肖军、杨毕生以及郭怡婷、李文等教师。本书的编写还得到了深圳市松大科技有限公司的大力支持，本书由黑龙江建筑职业技术学院孙景芝教授主审。主审对本书内容提出了许多宝贵的意见和建议，在此表示衷心的感谢。

本书参考了大量的资料和书刊，并引用了部分材料，除在参考文献中列出外，在此谨向这些书刊资料的作者表示衷心的感谢。

由于编写者水平有限和时间仓促，书中难免有错漏之处，敬请各位专家和广大读者批评指正，以期再版时加以完善。

第 一 版 前 言

现代建筑的特点是规模大、高度高、功能多、装修档次高、产生火灾因素多、易燃物品多、火灾发生时蔓延迅速、扑救难度大等特点，如不能有效预防和灭火，极易造成巨大的财产损失和人员伤亡。因此，加强消防队伍的建设和配备完善的消防设施，一旦发生火灾，能够及早知道，迅速灭火和抢救，最大限度地避免和减少火灾所造成的人员伤亡和财产损失，是现代建筑最迫切需要解决的问题。火灾自动报警系统，就是设置在建筑物内部，用于发现、确认、传递火灾信息，联动控制灭火及减灾设施设备，及时有效地隔离、扑灭火灾，组织人员安全撤离的设施和设备。

本书作为高职、高专建筑智能化工程技术专业主干课程的教材，在编写方面，为体现教学改革和课程改革精神，认真选取和组合教材内容。主要表现在：第一，课程内容的实用性强。本书将火灾自动报警系统的基础知识、常用设施设备、工程设计、安装调试与检测以及消防相关资质考试训练等内容进行了有机的组合，形成了一个较完整的体系，为教学组织和学生的学习提供了方便；第二，本书在内容的选取方面体现了职业教育的特点，强调理论的应用性，以必需、够用为度，尽量通俗易懂，避免过广过深，注重技能训练，紧密结合工程实际，充分体现以能力为本位的职业教育理念；第三，注重反映消防技术领域的新知识、新技术、新产品，注意贯彻国家及行业的最新标准和规范。

全书按 120～130 学时讲授，每章末有复习题供读者复习巩固之用。

全书共 6 个项目。由湖南城建职业技术学院谢社初、周友初主编。各章节编写者为：项目1、项目3、项目4由湖南城建职业技术学院谢社初编写；项目2、项目6由湖南城建职业技术学院周友初编写；项目5由湖南省公安消防总队防火监督部肖军编写；湖南城建职业技术学院郭怡婷参与绘制了本书部分插图；湘潭市建筑设计院杨毕生编写了本书火灾自动报警系统施工图实例。

本书由孙景芝主审。主审对本书内容提出了许多宝贵的意见和建议，谨此致谢！

在编写过程中，得到了湖南城建职业技术学院、湘潭市建筑设计院等单位及领导的关心和大力支持，谨在此表示衷心的感谢！

本书参考了大量的资料和书刊，并引用了部分材料，除在参考文献中列出外，在此谨向这些书刊资料的作者表示衷心的感谢！

由于编写者水平有限和时间仓促，书中难免有错漏之处，敬请广大读者批评指正。

MOOC 全媒体教材使用说明

MOOC 全媒体教材，以全媒体资源库为载体，平台应用服务为依托，通过移动 APP 端扫描二维码和 AR 图形的方式，连接云端的全媒体资源，方便有效地辅助师生课前、课中和课后的教学过程，真正实现助教、助学、助练、助考的理念。

在应用平台上，教师可以根据教学实际需求，通过云课堂灵活检索、查看、调用全媒体资源，对系统提供的 PPT 课件进行个性化修改，或重新自由编排课堂内容，轻松高效的备课，并可以在离线方式下在课堂播放；还可以在课前或课后将 PPT 课件推送到学生的手机上，方便学生预习或复习。学生也可通过全媒体教材扫码方式在手机、平板等多终端获取各类多媒体资源、MOOC 教学视频、云题与案例，实现随时随地直观的学习。

教材内页的二维码中，有多媒体资源的属性标识。其中

- ▶为 MOOC 教学视频
- ✎为平面动画
- ▶为知识点视频
- 3D为三维
- Ⓣ为云题
- ▤为案例

扫教材封面上的"课程介绍"二维码，可视频了解课程整体内容。通过"多媒体知识点目录"可以快速检索本教材内多媒体知识点所在位置。扫描内页二维码可以观看相关知识点多媒体资源。

本教材配套的作业系统、教学 PPT（不含资源）等为全免费应用内容。在教材中单线黑框的二维码为免费资源，双线黑框二维码为收费资源，请读者知悉。

本教材的 MOOC 全媒体资源库及应用平台，由深圳市松大科技有限公司开发，并由松大 MOOC 学院出品，相关应用帮助视频请扫描本页中的"教材使用帮助"二维码。

在教材使用前，请扫描封底的"松大 MOOC APP"下载码，安装松大 MOOC APP。

目　　录

01. 00. 001 ⓑ

MOOC教学视频

项目1 火灾自动报警系统概论

【能力目标】

了解火灾形成的条件与过程以及火灾产生的主要原因;熟悉建筑消防的指导方针,熟悉建筑消防的主要设施及各专业之间的关系;熟悉火灾自动报警系统的组成;掌握建筑物防火分类的方法;掌握火灾自动报警系统的设置要求、系统形式选择及设计要求。

1.1 建筑消防基本知识

1.1.1 火灾形成的条件与过程

火是人类生存的重要条件,它既可造福于人类,也会给人们带来灾难。因此,在使用火的同时一定注意对火的控制和管理。在时间和空间上失去控制的燃烧所造成对财物和人身的损害称为火灾。

1. 火灾形成的条件

燃烧应具备三个基本要素,即可燃物、可供燃烧的热源及助燃的氧气或氧化剂,三者缺一不可。

例如固体材料、塑料、纸或布等,当它们处在被热源加热升温的过程中,其表面会产生挥发性气体,这就是火灾形成的开始阶段。一旦挥发性气体达到燃点而被点燃,就会与周围的氧气起反应,可燃物质被充分的燃烧,从而形成光和热,即形成火焰和温度上升。如果可燃物质被点燃燃烧时,能设法隔离外界供给的氧气,则不可能形成火焰。也就是说,在断氧的情况下,可燃物质不能充分燃烧而形成烟,所以烟是火灾形成初期的象征。

烟是一种包含一氧化碳(CO)、二氧化碳(CO_2)、氢气(H_2)、水蒸气(H_2O)及许多有毒气体的混合物。由于烟是燃烧的产物,是伴随火焰同时存在的一种对人体十分有害的产物,所以人们在叙述火灾形成的过程时总要提到烟。火灾形成的过程也就是火焰和烟形成的过程。

2. 火灾形成的过程

众所周知,火灾形成的过程是一种放热、发光的复杂化学现象,是物质分子游离基的一种连锁反应。

物质燃烧一般经阴燃、充分燃烧和衰减熄灭三个阶段。燃烧过程特征曲线(也称温度－时间曲线)如图1-1所示。在阴燃阶段(即AB段),主要是预热温度升高,并生成大量可燃气体的烟雾。由于局部燃烧,室内温度不高,此时易灭火。在充分

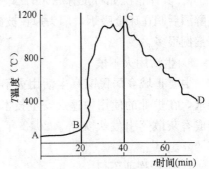

图1-1 燃烧过程特征曲线

1

燃烧阶段（即 BC 段）除产生烟以外，还伴有光、热辐射等，一般火势猛且蔓延迅速，室内温度急速升高，可达 1000℃ 左右，此时较难扑灭。在衰减熄灭阶段（即 CD 段）室内可燃物已基本燃尽而自行熄灭。

火灾发展的三个阶段，每段持续的时间以及达到某阶段的温度值，都是由建筑物当时燃烧的条件决定的。为了科学的实验并制定防火措施，世界各国都相继进行了建筑火灾实验，并概括地制定了一个能代表一般火灾温度发展规律的标准"温度－时间曲线"。我国制定的标准火灾"温度－时间曲线"为制定防火措施以及设计消防系统提供了参考依据。曲线的值由表 1-1 列出。

标准火灾温度－时间曲线 表 1-1

时间（min）	温度（℃）	时间（min）	温度（℃）	时间（min）	温度（℃）
5	535	30	840	180	1050
10	700	60	925	240	1090
15	750	90	975	360	1130

1.1.2　火灾发生的常见原因

事故都有起因，火灾也是如此。分析起火原因，了解火灾发生的特点，是为了更有针对性地运用技术措施，有效控火，防止和减少火灾危害。

1. 电气

电气原因引起的火灾在我国火灾中居于首位，据有关资料显示，2012 年，全国因电气原因引起的火灾占火灾总数的 32.2%。电气设备过负荷、电气线路接头接触不良、电气线路短路等是电气引起火灾的直接原因。其间接原因是由于电气设备故障或电气设备设置使用不当所造成，如将功率较大的灯泡安装在木板、纸等可燃物附近，将日光灯的镇流器安装在可燃基座上，以及用纸或布做灯罩紧贴在灯泡表面上等，在易燃易爆的车间内使用非防爆型的电动机、灯具、开关等。

2. 吸烟

烟蒂和点燃烟后未熄灭的火柴梗虽然是个不大的火源，但它能引起许多可燃物质燃烧，在起火原因中，占有相当的比重。2012 年，全国因吸烟引发的火灾占到了总数的 6.2%。具体情况如将没有熄灭的烟头和火柴梗扔在可燃物中引起火灾；躺在床上，特别是醉酒后躺在床上吸烟，烟头掉在被褥上引起火灾；在禁止一切火种的地方吸烟引起火灾等案例很多。

3. 生活用火不慎

主要是城乡居民家庭生活用火不慎，如炊事用火中炊事器具设置不当，安装不符合要求，在炉灶的使用中违反安全技术要求等引起火灾；家中烧香祭祀过程中无人看管，造成香灰散落引发火灾等。2012 年，全国因生活用火不慎引发的火灾占到了总数的 17.9%。

4. 生产作业不慎

主要指违反生产安全制度引起火灾。比如，在易燃易爆的车间内动用明火，引起爆炸起火；将性质相抵触的物品混存在一起，引起燃烧爆炸；在用气焊焊接和切割时，飞进出的大量火星和熔渣，因未采取有效的防火措施，引燃周围可燃物；在机器运转过程中，不按时加润滑油，或没有清除附在机器轴承上面的杂质、废物，使机器这些部位摩擦发热，引起附着物起火；化工生产设备失修，出现可燃气体，易燃、可燃液体跑、冒、滴、漏现象，遇到明火燃烧或爆炸等。2012 年，全国因生产作业不慎引发的火灾占到了总数的 4.1%。

5. 设备故障

在生产或生活中，一些设施设备疏于维护保养，导致在使用过程中无法正常运行，因摩擦、过载、短路等原因造成局部过热，从而引发火灾。再如，一些电子设备长期处于工作或通电状态下，因散热不良，最终导致内部故障而引发火灾。

6. 玩火

因小孩玩火造成火灾，是生活中常见的火灾原因之一。尤其在农村里，未成年儿童缺乏看管，玩火取乐，这一现象尤为常见。

此外，每逢节日庆典，不少人喜爱燃放烟花爆竹来增加气氛。被点燃的烟花爆竹本身即是火源，稍有不慎，就易引发火灾，还会造成人员伤亡。我国每年春节期间火灾频繁，其中约有 70%～80%是由燃放烟花爆竹所引起的。2012 年，全国因玩火引发的火灾占到了总数的 3.8%。

7. 放火

主要指采用人为放火的方式引起的火灾。一般是当事人以放火为手段，而为达到某种目的。这类火灾为当事人故意为之，通常经过一定的策划准备，因而往往缺乏初期救助，火灾发展迅速，后果严重。此外，放火人群中还有一部分是精神病人。2012 年，全国因放火引发的火灾占到了总数的 2%。

8. 雷击

雷电导致的火灾原因，大体上有三种：一是雷电直接击在建筑物上发生的热效应、机械效应作用等；二是雷电产生的静电感应作用和电磁感应作用；三是高电位雷电波沿着电气线路或金属管道系统侵入建筑物内部。在雷击较多的地区，建筑物上如果没有设置可靠的防雷保护设施，便有可能发生雷击起火。

1.1.3 建筑消防系统

发生在建筑物内部的火灾占火灾总量的大部分。随着我国经济的高速发展和人们生活水平的不断提高，建筑业尤其发展迅速，现代建筑由于其具有规模大、高度高、功能多、装修档次高、易燃物品多、火灾发生时蔓延迅速、扑救难度大等特点，如不能有效预防和灭火，极易造成巨大的财产损失和人员伤亡。因此，建立一套完整有效的消防体系，提高建筑物的防火安全水平是必不可少的。

我国消防的指导方针是"预防为主，防消结合"。"预防为主"就是要求人们增强消防安全意识，自觉遵守和严格执行消防法律、法规以及国家消防技术标准，有效地预防火灾的发生。"防消结合"就是在有效预防火灾发生的同时，加强消防队伍的建设和配备完善的消防设施，一旦发生火灾，能够及早知道、迅速灭火和抢救，最大限度地减少火灾所造成的人员伤亡和财产损失。

建筑消防设施，就是设置在建筑物内部，用于发现、确认、传递火灾信息，分隔缩小火灾范围,指引方便人员疏散,及时有效扑灭火灾的设施和设备。它需要各专业之间的配合完成。建筑消防设施主要包含以下几方面。

1. 建筑防火设计

建筑防火设计应严格遵守《建筑设计防火规范》GB 50016—2014 相关规定,尤其应考虑如下问题:

(1) 尽量选用不燃、难燃建筑装修材料。

(2) 建筑总平面布置时,相邻建筑应保证规定的防火间距。确保消防通道畅通和建筑物有足够的消防扑救面。

(3) 合理划分防火分区和防烟分区。

(4) 合理设计疏散通道,确保火灾时人员安全疏散。

(5) 建筑构件的耐火极限满足规范要求。

2. 电气消防设施

不同类型的建筑,对电气消防的要求不同,可参照相应规范,最主要包含有如下内容:

(1) 确保消防设施供电电源的安全、可靠。

(2) 消防设施供配电的电线、电缆以及敷设,应满足规范规定的耐火、无烟、无毒的要求,在保证火灾时消防设备供电可靠的同时,还应减少烟、毒对人员的伤害。

(3) 按规范要求设置相应保护等级的火灾自动报警及消防联动控制系统,保证火灾时准确报警和可靠联动相应的灭火、减灾的设施设备。

(4) 按规范设置火灾应急广播、消防专用电话、火灾警报装置等。

(5) 按规范设置可靠的应急照明、备用照明和疏散指示照明系统,确保火灾时灭火工作的正常和人员安全疏散。

(6) 对于高层建筑内火灾危险性大及人员密集等场所宜设置漏电火灾报警系统,减少因电气故障而引发的火灾事故。

3. 建筑灭火系统

建筑灭火设施是为了一旦发生火灾,能够及时有效地扑灭火灾,减少火灾造成的损失。建筑灭火设施种类较多,对于不同类型建筑、不同场所设置要求不同,应严格按规范设计。用得最多的主要有如下种类。

(1) 室内消火栓灭火系统:建筑物内普遍采用的灭火设施,主要供灭火人员手动灭火。

(2) 自动喷水灭火系统:由洒水喷头、报警阀组、水流报警装置等组件,以及管道、供水设施组成,并能在发生火灾时喷水的自动灭火系统。按规范规定在相应的建筑中设置。

(3) 其他:气体灭火系统、泡沫灭火系统、干粉灭火系统以及灭火器等。

4. 防烟排烟系统

由于火灾时物质燃烧会产生烟气,一方面烟气有毒,能造成人员伤亡,另一方面烟雾弥漫时,能见度降低,影响人员疏散和消防灭火实施,因此,应按规范设置可靠的防烟排烟设施。

1.2 火灾自动报警系统概述

有效监测建筑火灾、控制火灾、迅速扑灭火灾，保障人民生命和财产的安全，保障国民经济建设，是建筑消防系统的任务。建筑物类型不同、规模不同、重要性不同，建筑消防系统的构成和要求也不一样。

1.2.1 建筑物防火分类

对于建筑物的防火分类主要依据国家现行规范，即《建筑设计防火规范》GB 50016—2014。

（一）厂房（仓库）火灾危险性分类

1. 生产的火灾危险性应根据生产中使用或产生的物质性质及其数量等因素，分为甲、乙、丙、丁、戊类，并应符合表1-2的规定。

生产的火灾危险性分类 表1-2

生产类别	火灾危险性特征	
	项别	使用或产生下列物质的生产
甲	1	闪点小于28℃的液体；
	2	爆炸下限小于10%的气体；
	3	常温下能自行分解或在空气中氧化能导致迅速自燃或爆炸的物质；
	4	常温下受到水或空气中水蒸气的作用，能产生可燃气体并引起燃烧或爆炸的物质；
	5	遇酸、受热、撞击、摩擦、催化以及遇有机物或硫磺等易燃的无机物，极易引起燃烧或爆炸的强氧化剂；
	6	受撞击、摩擦或与氧化剂、有机物接触时能引起燃烧或爆炸的物质；
	7	在密闭设备内操作温度大于等于物质本身自燃点的生产
乙	1	闪点大于等于28℃，但小于60℃的液体；
	2	爆炸下限大于等于10%的气体；
	3	不属于甲类的氧化剂；
	4	不属于甲类的易燃固体；
	5	助燃气体；
	6	能与空气形成爆炸性混合物的浮游状态的粉尘、纤维、闪点不小于60℃的液体雾滴
丙	1	闪点不小于60℃的液体；
	2	可燃固体
丁	1	对不燃烧物质进行加工，并在高温或熔化状态下经常产生强辐射热、火花或火焰的生产；
	2	利用气体、液体、固体作为燃料或将气体、液体进行燃烧作其他用的各种生产；
	3	常温下使用或加工难燃烧物质的生产
戊	常温下使用或加工不燃烧物质的生产	

同一座厂房或厂房的任一防火分区内有不同火灾危险性生产时，该厂房或防火分区内的生产火灾危险性分类应按火灾危险性较大的部分确定。当符合下述条件之一时，可按火灾危险性较小的部分确定：

（1）火灾危险性较大的生产部分占本层或本防火分区面积的比例小于 5% 或丁、戊类厂房内的油漆工段小于 10%，且发生火灾事故时不足以蔓延到其他部位或火灾危险性较大的生产部分采取了有效的防火措施。

（2）丁、戊类厂房内的油漆工段，当采用封闭喷漆工艺，封闭喷漆空间内保持负压、油漆工段设置可燃气体自动报警系统或自动抑爆系统，且油漆工段占其所在防火分区面积的比例不大于 20%。

2. 储存物品的火灾危险性应根据储存物品的性质和储存物品中的可燃物数量等因素，分为甲、乙、丙、丁、戊类，并应符合表 1-3 的规定。

储存物品的火灾危险性分类　　　　　　　　　　　　　　　　　　表 1-3

仓库类别	项别	储存物品的火灾危险性特征
甲	1	闪点小于 28℃ 的液体；
	2	爆炸下限小于 10% 的气体，以及受到水或空气中水蒸气的作用，能产生爆炸下限小于 10% 气体的固体物质；
	3	常温下能自行分解或在空气中氧化能导致迅速自燃或爆炸的物质；
	4	常温下受到水或空气中水蒸气的作用，能产生可燃气体并引起燃烧或爆炸的物质；
	5	遇酸、受热、撞击、摩擦以及遇有机物或硫磺等易燃的无机物，极易引起燃烧或爆炸的强氧化剂；
	6	受撞击、摩擦或与氧化剂、有机物接触时能引起燃烧或爆炸的物质
乙	1	闪点不小于 28℃，但小于 60℃ 的液体；
	2	爆炸下限不小于 10% 的气体；
	3	不属于甲类的氧化剂；
	4	不属于甲类的易燃固体；
	5	助燃气体；
	6	常温下与空气接触能缓慢氧化，积热不散引起自燃的物品
丙	1	闪点不小于 60℃ 的液体；
	2	可燃固体
丁		难燃烧物品
戊		不燃烧物品

同一座仓库或仓库的任一防火分区内储存不同火灾危险性物品时，该仓库或防火分区的火灾危险性应按其中火灾危险性最大的类别确定。

丁、戊类储存物品仓库的可燃包装重量大于物品本身重量 1/4 或可燃包装体积大于物品本身体积 1/2，其火灾危险性应按丙类确定。

（二）建筑分类

民用建筑根据其建筑高度和层数可分为单层、多层和高层民用建筑。高层民用建筑根据其建筑高度、使用功能和楼层的建筑面积可分为一类和二类。民用建筑的分类应符合表 1-4 的规定。

民用建筑分类   表 1-4

名称	高层民用建筑		单层、多层民用建筑
	一类	二类	
住宅建筑	建筑高度大于 54m 的住宅建筑（包括设置商业服务网点的住宅建筑）	建筑高度大于 27m，但不大于 54m 的住宅建筑（包括设置商业服务网点的住宅建筑）	建筑高度不大于 27m 的住宅建筑（包括设置商业服务网点的住宅建筑）
公共建筑	1. 建筑高度大于 50m 的公共建筑； 2. 任一楼层建筑面积大于 1000m² 的商店、展览、电信、邮政、财贸金融建筑和其他多功能组合的建筑； 3. 医疗建筑、重要公共建筑； 4. 省级及以上的广播电视和防灾指挥调度建筑、网局级省级电力调度建筑； 5. 藏书超过 100 万册的图书馆、书库	除一类高层公共建筑以外的其他高层公共建筑	1. 建筑高度大于 24m 的单层公共建筑； 2. 建筑高度不大于 24m 的其他公共建筑

注：1. 表中未列入的建筑，其类别应根据本表类比确定。

　　2. 除本规范另有规定外，宿舍、公寓等非住宅类居住建筑的防火要求，应符合本规范有关公共建筑的规定；裙房的防火要求应符合本规范有关高层民用建筑的规定。

1.2.2 火灾自动报警系统的基本概念

（一）消防系统的发展过程

早期的防火、灭火均是人工实现的。当人们发现火灾时，立即组织人员并在统一指挥下采取一切可能措施迅速灭火，这便是早期消防系统的雏形。随着科学技术的发展，人们逐步学会使用仪器监视火情，用仪器发出火警信号，然后在人工统一指挥下，用灭火器械去灭火，这便是较为发达的消防系统。

现代建筑业的高速发展，对消防提出了更高的要求。随着科学技术的发展，人们将现代电子技术、检测与传感技术、自动控制技术、计算机技术及通信网络技术等应用于消防系统中，以适应现代建筑的发展。

目前，火灾自动报警与灭火系统在功能上可实现自动检测现场、确认并记录火灾，同时发出声、光警报信号，自动启动灭火与减灾设备等。还能实现向城市或地区消防队发出救灾请求，及时进行通信联络。

在结构上，组成消防系统的设备、器件结构紧凑，反应灵敏，工作可靠，同时还具有良好的性能指标。智能化设备及器件的开发与应用，使自动化消防系统的结构更趋向于微型化和多功能化。总之，现代消防系统，作为高科技的结晶，为适应智能建筑的需求，正以日新月异的速度发展。

（二）火灾自动报警系统的组成

火灾自动报警系统一般主要由三大部分构成：第一部分为火灾感应机构，即火灾自动探测部分；第二部分为报警控制部分，同时能记录、指示火灾部位并发出报警信号；第三部分为消防联动控制部分，能自动联动启动相应部位的灭火与减灾设备、设施。火灾自动报警与消防系统如图 1-2 所示。实物结构图如图 1-3 所示。

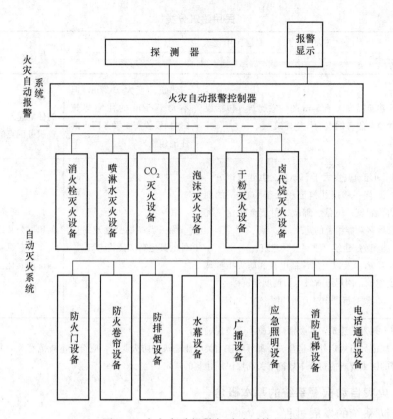

图 1-2　火灾自动报警与消防系统组成

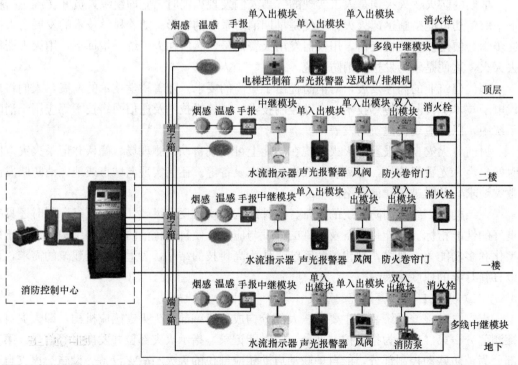

图 1-3　火灾自动报警与消防系统组成实物结构

（三）火灾自动报警系统的设置、形式选择及设计要求

1. 火灾自动报警系统的设置

对于一个建筑物是否需要设置火灾自动报警系统，应根据《建筑设计防火规范》GB 50016—2014 中相关规定确定。规范第 8.4 条规定，下列建筑或场所应设置火灾自动报警系统。

（1）任一层建筑面积大于 1500m² 或总建筑面积大于 3000m² 的制鞋、制衣、玩具、电子等类似用途的厂房。

（2）每座建筑面积大于 1000m² 的棉、毛、丝、麻、化纤及其制品的仓库，占地面积大于 500m² 或总建筑面积大于 1000m² 的卷烟仓库。

（3）任一层建筑面积大于 1500m² 或总建筑面积大于 3000m² 的商店、展览、财贸金融、客运和货运等类似用途的建筑，总建筑面积大于 500m² 的地下或半地下商店。

（4）图书或文物的珍藏库，每座藏书量超过 50 万册的图书馆，重要的档案馆。

（5）地市级及以上广播电视建筑、邮政建筑、电信建筑，城市或区域性电力、交通、和防灾等指挥调度建筑。

（6）特等、甲等剧院，座位数超过 1500 个的其他等级的剧院或电影院，座位数超过 2000 个的会堂或礼堂，座位数超过 3000 个的体育馆。

（7）大、中型幼儿园的儿童用房等场所，老年人建筑，任一层建筑面积大于 1500m² 或总建筑面积大于 3000m² 的疗养院的病房楼、旅馆建筑和其他儿童活动场所，不少于 200 床位的医院门诊楼、病房楼和手术部等。

（8）歌舞娱乐放映游艺场所。

（9）净高大于 2.6m 且可燃物较多的技术夹层，净高大于 0.8m 且有可燃物的闷顶或吊顶内。

（10）大、中型电子计算机房及其控制室、记录介质房，特殊贵重或火灾危险性大的机器、仪表、仪器设备室、贵重物品房，设置气体灭火系统的房间。

（11）二类高层公共建筑内建筑面积大于 50m² 的可燃物品库房和建筑面积大于 500m² 的营业厅。

（12）其他一类高层公共建筑。

（13）设置机械排烟、防烟系统、雨淋或预作用自动喷水灭火系统、固定消防水炮灭火系统等需要与火灾自动报警系统连锁动作的场所或部位。

（14）住宅建筑的火灾自动报警系统的设置应满足如下要求：

建筑高度大于 100m 的住宅建筑，应设置火灾自动报警系统。

建筑高度大于 54m 但不大于 100m 的住宅建筑，其公共部位应设置火灾自动报警系统，套内宜设置火灾探测器。

建筑高度不大于 54m 的高层住宅建筑，其公共部位宜设置火灾自动报警系统。当设置需联动控制的消防设施时，公共部位应设置火灾自动报警系统。

高层住宅建筑的公共部位应设置具有语音功能的火灾声警报装置或应急广播。

（15）建筑内可能散发可燃气体、可燃蒸汽的场所应设置可燃气体报警装置。

2. 火灾自动报警系统的形式选择

《火灾自动报警系统设计规范》GB 50116—2013 规定，火灾自动报警系统形式的选

择，应符合下列规定：

（1）仅需要报警，不需要联动自动消防设备的保护对象宜采用区域报警系统。

（2）不仅需要报警，同时需要联动自动消防设备。且只设置一台具有集中控制功能的火灾报警控制器和消防联动控制器的保护对象，应采用集中报警系统，并应设置一个消防控制室。

（3）设置两个及以上消防控制室的保护对象，或已设置两个及以上集中报警系统的保护对象，应采用控制中心报警系统。

3. 各报警系统形式的设计要求

规范规定，各种报警系统形式的设计应符合如下要求。

（1）区域报警系统

系统应由火灾探测器、手动火灾报警按钮、火灾声光警报器及火灾报警控制器等组成，系统中可包括消防控制室图形显示装置和指示楼层的区域显示器。火灾报警控制器应设置在有人值班的场所。

系统设置消防控制室图形显示装置时，该装置应具有传输《火灾自动报警系统设计规范》GB 50116—2013 中附录 A 和附录 B 规定的有关信息的功能。系统未设置消防控制室图形显示装置时，应设置火警传输设备。

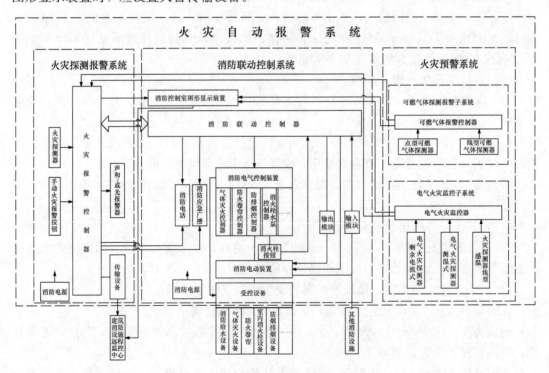

图 1-4　火灾自动报警系统组成示意图

（2）集中报警系统

系统应由火灾探测器、手动火灾报警按钮、火灾声光警报器、消防应急广播、消防专用电话、消防控制室图形显示装置、火灾报警控制器、消防联动控制器等组成。

系统中的火灾报警控制器、消防联动控制器、消防控制室图形显示装置、消防应急广播的控制装置、消防专用电话总机等起集中控制作用的消防设备,应设置在消防控制室内。

系统设置的消防控制室图形显示装置应具有传输《火灾自动报警系统设计规范》GB 50116—2013中附录A和附录B规定的有关信息的功能。

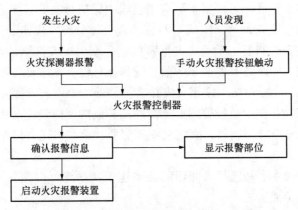

图1-5 火灾探测报警系统的工作原理图

(3)控制中心报警系统

有两个及以上消防控制室时,应确定一个主消防控制室。

主消防控制室应能显示所有火灾报警信号和联动控制状态信号,并应能控制重要的消防设备。各分消防控制室内消防设备之间可互相传输、显示状态信息,但不应互相控制。

系统设置的消防控制室图形显示装置应具有传输《火灾自动报警系统设计规范》GB 50116—2013中附录A和附录B规定的有关信息的功能。其他设计要求与集中报警系统相同。

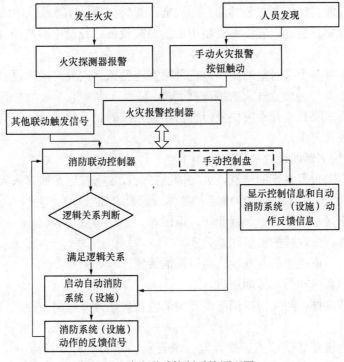

图1-6 消防联动控制系统原理图

4. 住宅建筑火灾自动报警系统分类及设计要求

（1）住宅建筑火灾自动报警系统分类

对于住宅建筑，依据《建筑设计防火规范》GB 50016—2014 中第 8.4.2 条确定是否需设计火灾自动报警系统后，可根据实际应用过程中保护对象的具体情况确定其类型。住宅建筑火灾自动报警系统分为 A、B、C、D 四类，具体分类方式如下：

A类：由火灾报警控制器、手动火灾报警按钮、家用火灾探测器、火灾声光警报器、应急广播等设备组成，同时具有物业集中监控管理而且设有需联动控制的消防设施。

B类：由控制中心监控设备、家用火灾报警控制器、家用火灾探测器、火灾声光警报器等设备组成。仅有物业集中监控管理而无需联动控制的消防设施时可定为 A 类或 B 类。

C类：由家用火灾报警控制器、家用火灾探测器、火灾声光警报器等设备组成，无物业集中监控管理。

D类：对于别墅式住宅和已投入使用的住宅建筑，系统可由独立式火灾探测报警器、火灾声警报器等设备组成。

（2）住宅建筑火灾自动报警系统设计要求

规范规定各类系统的设计应符合下列要求：

A类系统：系统在公共部位的设计应符合现行国家标准《火灾自动报警系统设计规范》GB 50116 的相应规定外，住户内设置的家用火灾探测器可接入家用火灾报警控制器，也可直接接入火灾报警控制器。设置的家用火灾报警控制器应将火灾报警信息、故障信息等相关信息传输给相连接的火灾报警控制器。建筑公共部位设置的火灾探测器应直接接入火灾报警控制器。

B类和C类系统：住户内设置的家用火灾探测器应接入家用火灾报警控制器。家用火灾报警控制器应能启动设置在公共部位的火灾声光警报器。B类系统中，设置在每户住宅内的家用火灾报警控制器应连接到控制中心的监控设备，控制中心监控设备应能显示发生火灾的住户。

D类系统：有多个起居室的住户，宜采用互连型独立式火灾探测报警器。宜选择电池供电时间不少于 3 年的独立式火灾探测报警器。

采用无线方式将独立式火灾探测报警器组成系统时，系统设计应符合 A 类、B 类或 C 类系统之一的设计要求。

（四）火灾探测器的设置部位

设有火灾自动报警系统的建筑，火灾探测器的设置部位应参照《火灾自动报警系统设计规范》GB 50116—2013 附录 D 确定。具体设置要求如下：

（1）财贸金融楼的办公室、营业厅、票证库。

（2）电信楼、邮政楼的机房和办公室。

（3）商业楼、商往楼的营业厅、展览楼的展览厅和办公室。

（4）旅馆的客房和公共活动用房。

（5）电力调度楼、防灾指挥调度楼等的微波机房、计算机房、控制机房、动力机房和办公室。

（6）广播电视楼的演播室、播音室、录音室、办公室、节目播出技术用房、道具布景房。

（7）图书馆的书库、阅览室、办公室。

（8）档案楼的档案库、阅览室、办公室。

（9）办公楼的办公室、会议室、档案室。

（10）医院病房楼的病房、办公室、医疗设备室、病历档案室、药品库。

（11）科研楼的办公室、资料室、贵重设备室、可燃物较多的和火灾危险性较大的实验室。

（12）教学楼的电化教室、理化演示和实验室、贵重设备和仪器室。

（13）公寓（宿舍、住宅）的卧房、书房、起居室（前厅）、厨房。

（14）甲、乙类生产厂房及其控制室。

（15）甲、乙、丙类物品库房。

（16）设在地下室的丙、丁类生产车间和物品库房。

（17）堆场、堆垛、油罐等。

（18）地下铁道的地铁站厅、行人通道和设备间，列车车厢。

（19）体育馆、影剧院、会堂、礼堂的舞台、化妆室、道具室、放映室、观众厅、休息厅及其附设的一切娱乐场所。

（20）陈列室、展览室、营业厅、商业餐厅、观众厅等公共活动用房。

（21）消防电梯、防烟楼梯的前室及合用前室、走道、门厅、楼梯间。

（22）可燃物品库房、空调机房、配电室（间）、变压器室、自备发电机房、电梯机房。

（23）净高超过2.6m且可燃物较多的技术夹层。

（24）敷设具有可延燃绝缘层和外护层电缆的电缆竖井、电缆夹层、电缆隧道、电缆配线桥架。

（25）贵重设备间和火灾危险性较大的房间。

（26）电子计算机的主机房、控制室、纸库、光或磁记录材料库。

（27）经常有人停留或可燃物较多的地下室。

（28）歌舞娱乐场所中经常有人滞留的房间和可燃物较多的房间。

（29）高层汽车库、一类汽车库、一、二类地下汽车库、机械立体汽车库、复式汽车库、采用升降梯作汽车疏散出口的汽车库（敞开车库可不设）。

（30）污衣道前室、垃圾道前室、净高超过0.8m的具有可燃物的闷顶、商业用或公共厨房。

（31）以可燃气为燃料的商业和企、事业单位的公共厨房及燃气表房。

（32）其他经常有人停留的场所、可燃物较多的场所或燃烧后产生重大污染的场所。

（33）需要设置火灾探测器的其他场所。

小　　结

燃烧应具备三个基本要素，即可燃物、可供燃烧的热源及助燃的氧气或氧化剂。火灾形成的过程是一种放热、发光的复杂化学现象。了解不同物质燃烧过程，才能有效地采取预防火灾的措施。由于现代建筑的特点，需要建立一套完整有效的消防体系。需要各专业之间配合完成完善的建筑消防设施。有效监测建筑火灾、控制火灾、迅速扑灭火灾，是建筑消防系统的任务。火灾自动报警系统一般主要由火灾自动探测、报警控制以及消防联动控制三大部分构成。对于一个建筑物是否需要设置火灾自动报警系统，应根据现行国家标准《建筑设计防火规范》GB 50016 确定。火灾自动报警系统形式的选择及设计要求，应根据现行国家标准《火灾自动报警系统设计规范》GB 50116 确定。

复 习 思 考 题

1. 燃烧应具备哪些基本要素？

2. 物质燃烧一般有哪三个阶段，每个阶段的燃烧过程有何特征？

3. 简述可燃固体、可燃液体、可燃性气体的燃烧原理及燃烧特点。

4. 为什么对现代建筑的消防尤其要引起重视？

5. 如何理解我国"预防为主，防消结合"消防指导方针？

6. 如何划分生产厂房（仓库）的火灾危险性等级？

7. 我国建筑设计防火规范中建筑分类？

8. 火灾自动报警系统一般主要由哪几大部分构成？

9. 不同类型的建筑，对电气消防要求不同，电气消防设施布置也有所差异，电气消防设施最主要包含哪些内容？

10. 建筑灭火设施用得最多的主要有哪些种类？

11. 防烟排烟系统的主要功能是什么？

12. 火灾自动报警与灭火系统具有哪些功能？

13. 如何确定建筑物是否需要设计火灾自动报警系统？

14. 公共建筑的火灾自动报警系统有哪几种形式？如何确定？

15. 各种报警系统形式的设计要求有何不同？

16. 住宅建筑火灾自动报警系统分为几类？如何划分？

17. 如何确定火灾探测器的设置部位？一般与哪些因素有关？

01.00.002 ①

云题

项目 2 火灾自动报警系统常用设备

02.00.001 ▶
MOOC教学视频

【能力目标】

通过本项目的学习，了解火灾自动报警系统各设备器件的分类、规格型号、工作原理、适应场所。掌握火灾自动报警系统各设备器件选用、布线要求、系统连接。

2.1 火灾探测器

2.1.1 火灾探测器的分类及型号表示

1. 火灾探测器的分类

常用火灾探测器的分类如图 2-1 所示。

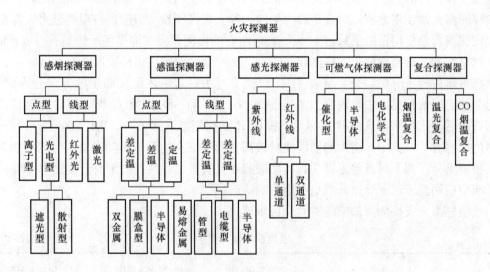

图 2-1 火灾探测器分类

同时，也可按照其他分类标准进行分类。如按使用环境的不同可分为：陆用型、船用型、耐寒型、耐酸型、耐碱型、防爆型等。

（1）感烟火灾探测器

感烟火灾探测器是对悬浮在大气中的燃烧或热解产生的固体或液体微粒敏感的火灾探测器。

通常情况下，除易燃、易爆物质起火非常迅速以外，固体物质的火灾一般都要经过早期、阴燃、起火、高温燃烧、熄灭等阶段。早期阶段是一个缓慢的热解过程，产生不可见的燃烧生成物，无可见烟和火焰，热量释放也很低。在阴燃阶段开始产生大量可见和不可见烟雾，空气的对流作用渐渐明显，有利于烟雾气溶胶的传播，但此阶段内只有烟雾而无明火，温度上升仍很缓慢。阴燃阶段末期，阴燃面积扩大，温度逐渐上升，给起火准备了温度条件。在起火阶段，已有明火出现，这个阶段是烟温并存。在高温燃烧阶段，火场温度达到高峰，辐射大量红外线、可见光和紫外线，但烟雾已开始减少，余烬温度也开始下降。在许多场合下，早期和阴燃过程在几个阶段中是最长的阶段。感烟火灾探测器主要用来探测阴燃阶段的烟雾，从而做到早期报警。

根据探测烟范围的不同，感烟火灾探测器可分为点型感烟火灾探测器和线型感烟火灾探测器。其中点型感烟火灾探测器按其探测原理可分为离子感烟火灾探测器、光电感烟火灾探测器和吸气式感烟火灾探测器；光电感烟火灾探测器又可分为散射光型和减光型火灾探测器。线型感烟火灾探测器可分为红外光束、激光等火灾探测器。

（2）感温火灾探测器

感温火灾探测器是对火灾现场温度参数响应的火灾探测器。按照它对环境温度或温度变化的响应，它可分为：定温、差温、差定温三种形式。

不论是何种火源，也不论是在何种环境下产生的火灾，它们都要释放大量的热。由于受限空间火灾时都会在顶棚附近形成热气层，特别是许多液体物质火灾，往往发生时没有阴燃阶段而直接产生火焰和骤然产生大量的热，因此采用提取温度变化参数来实现火灾自动探测是很常用的方法。感温火灾探测器结构简单、使用面广、品种多、价格低，在感烟火灾探测器大量使用之前，一直是最主要的一种火灾探测器。目前，点型感温火灾探测器在火灾探测器总使用量中虽只占 10%～20% 左右的比例，但在许多场所仍是不可取代的。

国家标准《点型感温火灾探测器》GB 4716—2005 按照应用环境温度对点型感温火灾探测器重新进行了分类，分类见表 2-1。取代了过去一直沿用的按照敏感方式分为定温、差温和差定温的分类方法，现分为 A1、A2、B、C、D、E、F 和 G 类，同时规定可以在类别符号后面附加字母 S 或 R 来标示 S 型或 R 型探测器（如 A1S、BR 等），用来表示探测器的敏感方式。其中 S 型探测器即使对较高升温速率在达到最小动作温度前也不能发出火灾报警信号，即不具有差温特性；R 型探测器具有差温特性，对于高升温速率，即使从低于典型应用温度以下开始升温也能满足响应时间要求。

点型感温火灾探测器的响应时间及灵敏度见表 2-2、表 2-3。

感温探测器分类

表 2-1

探测器类别	典型应用温度 （℃）	最高应用温度 （℃）	动作温度下限值 （℃）	动作温度上限值 （℃）
A1	25	50	54	65
A2	25	50	54	70
B	40	65	69	85
C	55	80	84	100
D	70	95	99	115
E	85	110	114	130
F	100	125	129	145
G	115	140	144	160

定温、差定温火灾探测器的响应时间　　　　　　　　　　表 2-2

升温速率 （℃/min）	响应时间下限		响应时间上限					
	各级灵敏度		Ⅰ级灵敏度		Ⅱ级灵敏度		Ⅲ级灵敏度	
	（min）	（s）	（min）	（s）	（min）	（s）	（min）	（s）
1	29	0	37	20	45	40	54	0
3	7	13	12	40	15	40	18	40
5	4	09	7	44	9	40	11	36
10	0	30	4	02	5	10	6	18
20	0	22.5	2	11	2	55	3	37
30	0	15	1	34	2	08	2	42

差温火灾探测器的响应时间　　　　　　　　　　表 2-3

升温速率 （℃/min）	响应时间下限		响应时间上限	
	（min）	（s）	（min）	（s）
5	2	0	10	30
10	0	30	4	2
20	0	22.5	1	30
30	0	15	1	0

定温、差定温火灾探测器在温升速率不大于 1℃/min 时，其动作温度值应大于 54℃，且各级灵敏度的探测器动作温度应分别不大于下列数值：Ⅰ级灵敏度 62℃；Ⅱ级灵敏度 70℃；Ⅲ级灵敏度 78℃。

感温火灾探测器在某一设定的环境条件下，对标定的温度（定温）或标定的温升速率（差温），由不动作到动作所需时间的上限值被定为动作时间值。显然，对于相同标定值而言，探测器灵敏度越高，则动作时间值越小。

（3）感光火灾探测器

物质在燃烧时除了产生大量的烟和热外，也产生波长 4000 埃米（Å）以下的紫外线、波长 4000~7000 埃米（Å）的可见光和波长 7000 埃米（Å）以上的红外线。由于火焰辐射的紫外线和红外线具有特定的峰值波长范围，因此感光火灾探测器可以用来探测火焰辐射的红外线和紫外线。感光火灾探测器又称火焰探测器，它是用于响应火灾的光学特性即辐射光的波长和火焰的闪烁频率，可分为红外火焰探测器和紫外火焰探测器两种。感光火灾探测器对火灾的响应速度比感烟、感温火灾探测器快，其传感元件在接受辐射光后几毫秒，甚至几微秒内就能发出信号，特别适用于突然起火而无烟雾的易燃易爆场所。由于它不受气流扰动的影响，是唯一能在室外使用的火灾探测器。

（4）可燃气体探测器

可燃气体探测器是探测空气中可燃性气体浓度的一种探测装置，使用在散发可燃气体和可燃蒸气的场所，一般在工业与民用建筑中安装使用。它基本分为点型可燃气体探测器、独立式可燃气体探测器、便携式可燃气体探测器和线型可燃气体探测器。按防爆要求分为防爆型和非防爆型，点型、独立式可燃气体探测器又可分为室内使用型和室外使用型。点型可燃气体探测器一般通过与可燃气体报警控制器组成系统进行工作。目前大多数点型可燃气体探测器应用于石油、化工等工业场所，使用环境要求相对较高，因此点型可燃气体探测器多为防爆型并且为室外使用型。独立式可燃气体探测器指依靠市电或电池供电，具备报警指示功能，可独立使用，因此在家庭厨房中普遍使用。便携式可燃气体探测器可随身携带，一般依靠电池供电，分为主动吸气式和扩散式。

可燃气体一般都是几种气体的混合物，天然气的主要成分是甲烷（CH_4），液化气的主要成分是丙烷（C_3H_8），煤气的成分主要是氢气（H_2）和一氧化碳（CO），日常生活中经常使用的打火机使用的气体主要成分是异丁烷。可燃气体探测器的性能指标，主要是指其报警动作值及报警响应时间，关系到探测器能否及时准确地发出报警信号。报警动作值是探测器发出报警信号时的可燃气体浓度值，一般用爆炸下限（LEL）或体积百分数表示。爆炸下限（Low Explosive Limit，LEL），即可燃气体在空气中爆炸需要的最低浓度，是可燃气体易爆程度的重要指标，常用可燃气体的爆炸极限见表 2-4。

常用可燃气体爆炸下限　　　　　　　　　　　　　　表 2-4

可燃气体或蒸气	分子式	爆炸极限/%	
		下限	上限
氢气	H_2	4.0	75
氨	NH_3	15.5	27
一氧化碳	CO	12.5	74.2
甲烷	CH_4	5.0	14
丙烷	C_3H_8	2.2	9.5
乙烷	C_2H_6	3	12.5
乙烯	C_2H_4	3.1	32
苯	C_6H_6	1.4	1.1
甲苯	C_7H_8	1.4	6.7
乙醚	$(C_2H_5)O$	1.9	48.0
乙醛	CH_3CHO	4.1	55.0
丙酮	$(CH_3)_2CO$	3.0	11.0
乙醇	C_2H_5OH	4.3	19.0
甲醇	CH_3OH	5.5	36.0

（5）复合火灾探测器

由于火灾因素的复杂性和火灾探测器适用范围的局限性，在火灾探测报警的实践中，仅使用某种单一的传感器的火灾探测器在某些情况下，迅速准确地探测火灾是困难的。具有两种或两种以上传感器的复合火灾探测器能够弥补使用单一传感器的火灾探测器的不足，从而提高火灾探测器的响应均衡度、适应性，防误报能力也会得到提高。从探测火灾的角度讲，只要技术上可行，可任意将探测功能复合，如感烟与感温、感烟与感光、感温与感光、感烟与可燃气体等。

复合火灾探测器的技术关键是如何对多传感器的信号进行综合处理，正确区别火警和误报。早期有采用简单的"与"、"或"逻辑关系进行多传感信号处理的。国际上的发展方向是采用智能信号处理方法，多传感信息融合或采用人工神经网络、模糊逻辑等技术将多传感信息按一定的准则进行综合分析，形成对各种火灾参数较为均衡的响应特性，同时提高探测器防误报的能力。目前，市场上出现的三元复合火灾探测器就是将光电感烟、感温、CO三种探测功能进行复合。这种探测器具有多参数输入单结果输出的特点，因而对各种烟雾均有很高的灵敏度，可安装在任何场所。

上述各类火灾探测器按照探测范围的不同可归纳为点型火灾探测器、线型火灾探测器两大类。点型火灾探测器是一种响应某一点周围的火灾参数的火灾探测器；线型火灾探测器是一种响应某一连续线路周围的火灾参数的探测器，其连续线路可以是"光路"，也可以是实际的线路或管路。

(6) 新型火灾探测器及探测技术

随着对火灾现象的深入研究，人们发现在燃烧区域内，空气的组分会发生显著变化，如空气中CO的浓度会升高；现场空气中会弥漫一股物体烧焦的"煳味"；同时伴随着燃烧物质因膨胀变形而发出不同频率的声音等现象。因此，人们就研究出以CO浓度、气味、次声波为探测对象的探测器。

1) CO探测器。研究认为这种探测器有如下明显优点：由于空气中CO含量的变化早于烟雾和火焰的生成，因此这种探测器比感烟、感温火灾探测器的响应速度快；由于CO比空气轻，扩散到天花板顶部比烟雾来得更容易，因此容易使探测器响应；对昆虫、香烟、烹调不敏感；无放射性；比一般需要加热的气敏元件功耗低很多，但生产成本较高。

2) 气味探测器。很多人有这样的经验，即在出现火灾危险前最先觉察到的器官往往是鼻子，鼻子能嗅到了"煳味"。德国的一家公司研究了一种识别早期火灾的新技术，利用高灵敏度气体分析技术检测、鉴别火灾早期阶段产生的气体及气味物质。对各种不同的应用场所研制出不同的传感元件。这种元件的高灵敏度和可靠性大大降低了误报率。

3) 光纤及光纤光栅温度传感器。光纤温度传感器利用光时域反射 (Optical Time Domain Re-flectmete，OTDR) 技术，由光纤中的光传播速度和背向光回波时间，确定异常温度点 (类似于光雷达系统)。

光纤光栅温度传感器的传感过程是通过外界参数对布拉格光栅中心波长的调制来获取信息，是一种波长调制型光纤温度传感器。与传统的电信号温度传感器如线性感温电缆相比，具有以下优点：测量精度高、防爆、抗电磁干扰、抗腐蚀、耐高温、体积小、重量轻等，非常适合于石油化工企业的恶劣环境中的应用，特别是那些环境特别恶劣以及传统火灾探测系统不合适使用的大型储油罐及长距离地下电缆隧道等场所。

4) 吸气式极早期火灾智能报警系统。它是高灵敏度火灾探测器报警系统。它主动通过PVC塑料管 (或特制的薄壁铝合金管) 采集保护区域的空气，在控制主机中利用先进的激光侦测技术，对空气中的烟雾粒子进行计数，当烟雾粒子的个数达到一定值时就发出报警信号，因此比传统火灾探测器灵敏度高，能实现极早期火灾报警，为人员的疏散和处置事故赢得更多的时间。由于它是通过PVC管抽取空气，因此位于保护区域的探测部分是无电源和无信号线的，更能适用于防爆和强电磁干扰的场所。

5) 模拟量火灾探测技术。模拟量火灾报警系统中的火灾探测器相当于是传感器，它本身不再对是否发生火灾作出判断，而是实时地将环境中的火灾参数发送回控制主机，由控制主机根据内部设定的软件和算法来分析、判断当前环境是否发生火灾。系统组件的故障可以被迅速地探出，并可以确定是否需要进行预防性检修，必要时采取清洗传感器灰尘等处理方法。响应阈值自动浮动式模拟量火灾报警系统，不仅可以报出传感器的模拟输出量，而且可在报警和非报警状态之间自动调整它们的响应阈值，从而使误报大大地降低。

6）分布智能火灾探测技术。智能火灾探测器的内置 CPU 能自行处理数据，将火灾曲线、室内火灾实验数据模型以及现场火灾实验数据模型与实际数据进行比较分析，得出是否有火警并将此结论信息送给控制器。火灾报警控制器根据其探测逻辑，将火灾探测器返回的数据进行最终的分析判断。同时火灾探测器的内置 CPU 自动检测和跟踪由灰尘积累、电磁干扰而引起的工作状态漂移并对其进行补偿，使得火灾探测器在积尘以及有电磁干扰的状态下能维持原火灾探测器真正的探测能力，避免误报。当这种漂移超出给定范围时，自动发出维护警告，分类提醒。与分布智能火灾探测器相配套的火灾报警控制器能提供三级火灾探测器灵敏度，可以由人工设定，也可以通过软件调整现场的火灾探测灵敏度，同时具有白天、黑夜、节假日灵敏度自动调整功能，根据事先设定的报警极限选择火灾报警灵敏度。

7）光截面图像感烟火灾探测技术。光截面图像感烟火灾探测系统属于高级智能探测器系统，它使用了模式识别、持续趋势、双向预测算法，并运用了神经网络特有的自学习功能和自适应能力，可以根据现场自动调整运行参数，它的容错能力提高了系统的可靠性。系统能自动检测和跟踪由灰尘积累而引起的工作状态的漂移，当这种漂移超出给定范围时，自动发出故障信号，同时这种探测器能跟踪环境变化，自动调节探测器的工作参数，因此可大大降低由灰尘积累和环境变化所造成的误报和漏报。

随着科学技术的进步，CCD 摄像机的应用已经普及，光截面图像感烟火灾探测系统，可应用于大范围、超长距离火灾探测，使获取信息的成本大大降低，对有焰火和阴燃火灵敏度都有提高，误报率低，抗干扰性强，方便工程安装，可实现多层面立体安装，更具有智能化。

光截面图像感烟火灾探测技术可以有效地综合烟、温、光等主要火灾参数，使火灾探测更大程度地满足人们对火灾安全的要求，代表了当今火灾探测技术的较高水平。

2. 火灾探测器的型号表示

火灾报警产品种类较多，附件更多，但都是按照国家标准编制命名的。国标型号均是按汉语拼音字头的大写字母组合而成，只要掌握规律，从名称就可以看出产品类型与特征。

火灾探测器的型号意义见图 2-2。

（1）J（警）——火灾报警设备

（2）T（探）——火灾探测器代号

（3）火灾探测器分类代号，各种类型火灾探测器的具体表示方法：

Y（烟）——感烟火灾探测器

W（温）——感温火灾探测器

G（光）——感光火灾探测器

Q（气）——可燃气体探测器

F（复）——复合式火灾探测器

（4）应用范围特征代号表示方法：

火灾探测器的应用范围特征是指火灾探测器的适用场所。适用于爆炸危险场所的为防

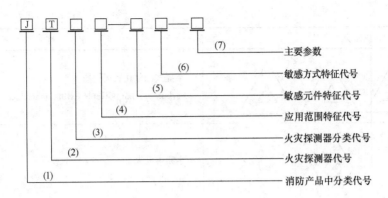

图 2-2　火灾探测器型号意义

爆型，否则为非防爆型；适合于船上使用的为船用型，适合于陆上使用的为陆用型。其具体表示方法是：

B（爆）——防爆型（型号中无"B"代号即为非防爆型，其名称亦无须指出"非防爆型"）；

C（船）——船用型（型号中无"C"代号即为陆用型，其名称中亦无须指出"陆用型"）。

（5）、（6）探测器特征表示法（敏感元件、敏感方式特征代号）：

L（离）——离子；G（光）——光电；H（红）——红外光束；LX——吸气型离子感烟火灾探测器；GX——吸气型光电感烟火灾探测器；M（膜）——膜盒；S（双）——双金属；Q（球）——玻璃球；G（管）——空气管；L（缆）——热敏电缆；O（偶）——热电偶，热电堆；B（半）——半导体；Y（银）——水银接点；Z（阻）——热敏电阻；R（熔）——易熔材料；X（纤）——光纤；D（定）——定温；C（差）——差温；O——差定温；Z（紫）——紫外；H（红）——红外；C（催）——催化。

（7）主要参数及自带报警声响标志表示法

定温、差定温火灾探测器用灵敏度级别或动作温度值表示。差温火灾探测器、感烟火灾探测器的主参数无须反映。其他火灾探测器用能代表其响应特征的参数表示；复合火灾探测器主参数如为两个以上，其间用"/"隔开。

3. 火灾探测器图例符号

消防技术文件中常用的消防设备图形符号如表 2-5 所示。

消防技术文件中常用的消防设备图形符号　　　　　　　　　　　　　　　表 2-5

符　号	名　称
⊗（三角形内）	手提式清水灭火器 water portable extinguisher
（三个三角形符号）	手提式 ABC 干粉灭火器 ABC powder portable extinguisher

续表

符　号	名　称
	手提式二氧化碳灭火器 carbon dioxide portable extinguisher
	水喷淋灭火系统 sprinkler systems
	泡沫灭火系统（全淹没） foam extinguishing systems（total protection of the room）
	湿式报警阀 wet pipe valve
	干式报警阀 dry pipe valve
	雨淋阀 deluge valve
	泡沫液罐 foam concentrate jar
	消防水罐（池） fire pool
	消防泵站（间） fire pump station
	消火栓箱，湿式竖管 hose station，wet standpipe
	可燃气体探测器（点型） combustible gas detector（point type）

符　号	名　称
	报警电话 alarm Telephone
	感温火灾探测器（点型） heat detector（point type）
	感温火灾探测器（线型） heat detector（linear type）
	复合式感温感烟火灾探测器（点型） combination type heat and smoke detector（point type）
	复合式感光感烟火灾探测器（点型） combination type optical flame and smoke detector（point type）
	复合式感光感温火灾探测器（点型） combination type optical flame and heat detector（point type）
	火灾警铃 fire bell
	火灾应急广播扬声器 fire emergency broadcast loud-speaker
	火灾发声警报器 fire alarm sounder
	消防通风口的手动控制器 manual control of a natural venting device
	手动火灾报警按钮 manual fire alarm call point
	感烟火灾探测器（点型） smoke detector（point type）

续表

符　　号	名　　称
	感烟火灾探测器（线型） smoke detector（linear type）
	光束感烟火灾探测器（线型，发射部分） beam smoke detector（linear type，the part of launch）
	光束感烟火灾探测器（线型，接收部分） beam smoke detector（linear type，the part of reception）
	感光火灾探测器（点型） optical flame detector（point type）
	消防通风口的热启动控制器 heat control of a natural venting device
	有视听信号的控制和显示设备 control and indicating equipment with audible and illuminated signals

2.1.2　火灾探测器的构造、原理及特点

1. 点型感烟火灾探测器

（1）离子感烟火灾探测器

离子感烟火灾探测器是根据电离原理进行火灾探测的点型火灾探测器。它的主要部件包括电离室、外壳结构件及电路板。电离室内有放射源、电极板和固定部件。外壳起着保护内部结构的作用，更重要的是外壳结构还对外界气流进入电离室的速度和电离室的性能有重要影响。电离室内的放射源（放射性元素"镅241"）将室内的纯净空气电离，形成正、负离子，当两个收集极板间加一电压后，在极板间形成电场，在电场的作用下，离子分别向正、负极板运动形成离子流；当烟雾粒子进入电离室后，由于烟雾粒子的直径大大超过被电离的空气粒子的直径，因此，烟雾粒子在电离室内对离子产生阻挡和俘获的双重作用，从而减少了离子流。

如图2-3所示，离子感烟探测器有两个电离室，一个为烟雾粒子可以自由进入的外电离室（或称为测量电离室），另一个为烟雾不能进入的内电离室（或称为平衡电离室），两个电离室串联并在两端外加电压。正常状态下 $V=V_1+V_2$（$V_1 \approx V_2$），当烟雾粒子进入外电离室时，离子流减少使两个电离室电压重新分配，V_1 变成 V_{11}，V_2 变成 V_{22}，当 $V_{11}>V_1$，$V_{22}<V_2$，即2节点的电位起了变化从而输出火灾报警信号。

（2）光电感烟火灾探测器

光电感烟火灾探测器是一种应用烟雾粒子对光产生散射、衰减原理进行火灾探测的点型火灾探测器。根据探测原理的不同，光电感烟探测器分为散

02.01.001
光电感烟火灾
探测器

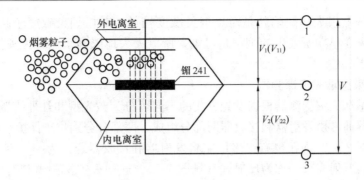

图 2-3　离子感烟探测器工作原理示意图

射光型和遮光型两大类。

　　光电感烟火灾探测器主要由外壳、光敏室和电路组成。光敏室是光电感烟探测器的关键部件，由光束发射器、光电接收器和光学暗室结构等构成。散射型光电感烟火灾探测器的工作原理如图 2-4 所示，当烟雾粒子进入光电感烟火灾探测器的烟雾室时，火灾探测器内的光源发出的光线被烟雾粒子散射，其散射光使处于光路一侧的光敏元件感应，光敏元件的响应与散射光的大小有关，且由烟雾粒子的浓度所决定。如火灾探测器感受到的烟雾浓度超过一定限量，则光敏元件接收到的散射光的能量足以激励火灾探测器动作，从而发出火灾报警信号。

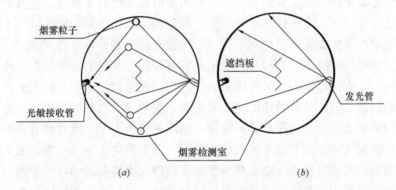

图 2-4　散射型光电感烟探测器工作原理示意图
(a) 有烟雾状态；(b) 正常状态

　　遮光型感烟火灾探测器的工作原理如图 2-5 所示，在一个不受外界光线影响但烟雾可进出的光敏室中，有一个光源发出光，通过透镜聚光，再经过烟雾探测区照到光敏元件上，由光敏元件完成光一电能量转换，输出信号，在正常情况下，电路处于监视状态，当烟雾探测区有烟时，由于烟雾对光线的吸收、遮挡作用，使光敏元件上接收到的光显著减弱，光敏器件把这一光强度变化转变成电信号的变化，再经后续放大电路放大、处理，从而输出报警。

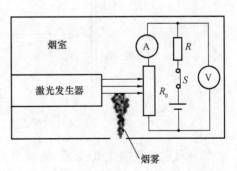

　　传统的光电感烟火灾探测器采用前向散射　图 2-5　遮光型光电感烟探测器工作原理示意图

光采集技术，一个很大的缺陷就是对黑烟灵敏度较低，对白烟灵敏度较高。由于大部分火灾在早期所发出的烟都是黑烟，所以大大地限制了这种火灾探测器的使用范围。

2. 线型光束感烟火灾探测器

线型光束感烟火灾探测器根据发光方式的不同可分为激光型和红外线型。这种火灾探测器通常由发射器和接收器两部分组成，两部分分别位于保护空间的两侧，称为对射式（见图 2-6）。现在也有很多厂家将发射器和接收器合二为一，容纳在一个外壳内，通过反射板反射光束，称为反射式（见图 2-7）。这种火灾探测器相对于对射式的火灾探测器而言，由于反射器不需要电源，可以降低工程布线费用和难度，而且在调试时对准光线也更加容易。另外，还有一种采用光截面的图像感烟火灾探测技术的线型光束图像感烟火灾探测器（又称光截面火灾探测器），按探测方式也属于线型光束感烟火灾探测器。

线型光束感烟火灾探测器能够对警戒范围内某一连续线路周围的烟参数响应，其特点是监视范围广（直线可达 200m），保护面积大，使用环境要求低等，通常安装于跨度大、内部空间高的建筑。

线型光束感烟火灾探测器主要由光学系统、发射器和接收器组成，对于反射式探测器，还包括反射器。

（1）对射式线型光束感烟火灾探测器

对射式线型光束感烟火灾探测器工作原理为发射器发出的光束经过被保护空间，到达接收器。在正常情况下，光束区域没有烟雾，接收器无输出信号，探测器处于正常监视状态。当物质燃烧产生的烟雾扩散到光束区域，使接收器收到的辐射通量减弱，当辐射通量减弱到预定的感烟动作阈值时，接收器输出火灾报警信号。发射器中装有红外发光二极管（或激光二极管），在间歇振荡器的作用下，经过凸透镜形成近似平行的光束，穿过被保护区域空间，射向接收器。接收器中的接收元件接收发射器发射来的光束，并将其转换为脉冲信号，经内部放大和积分电路的共同作用，输出一直流电平，此直流电平的大小就对应了光束的辐射通量大小。在有烟雾出现的情况下，此直流电平下降，当其值下降到感烟动作阈值时，输出火灾报警信号。在有些线型光束感烟火灾探测器中，还考虑到对热气流扰动的检测，由火灾产生的热气流造成空气折射率的变化，使光束偏移原来的方向，从而使光敏元件的输出信号发生变化。通常热气流扰动频率为 2～30Hz，因此检出这一频率范围的信号，即可实现火灾探测报警，其工作原理示意图如图 2-6 所示。

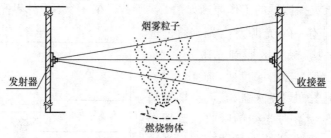

图 2-6　对射式线型感烟探测器工作原理示意图

（2）反射式线型光束感烟火灾探测器

反射式线型光束感烟火灾探测器与对射式的工作原理相同，只是将发射器和接收器合二为一，通过反射器反射光束，在探测器中处理信号。其工作原理是：将发光元件与接受元件安装在同一墙面上，在其相对的一面安装反射装置。正常情况下，红外光束射向反射装置，由反射装置反射回来的光射到接收元件上；当火灾发生时，射向反射装置和由其反射回来的光就减少，于是产生报警信号。反射装置的大小视保护范围内发射器至反射装置的距离而定，距离远时反射面积大，反之为小，其工作原理示意图如图 2-7 所示。

3. 点型感温火灾探测器

点型感温火灾探测器的主要部件包括温度传感器、外壳及电路。探测器使用的温度传感器比较多，例如水银接点、双金属、易熔合金、空气压力膜盒、热敏电阻、半导体材料、热电偶等。随着电子元件的

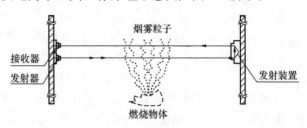

图 2-7 反射式线型感烟探测器工作原理示意图

小型化和微型化以及微处理器的引入，使用电子感温元件按一定的算法即可实现探测器的功能，而传统的水银、双金属等机械式探测器则逐渐退出了市场。现在温度传感器主要采用电子感温元件，包括热敏电阻和半导体 PN 结，它们具有响应速度快、灵敏度高、尺寸小等优点。热敏电阻的特性是随温度升高其阻值上升或下降；半导体 PN 结在一定温度范围内，温度每升高 $1℃$，正向结压降大约降低 $2mV$，利用这种特性可以方便地进行温度测量。外壳构成探测器的形状，并起着保护内部结构的作用。结构件固定感温元件，保证探测器的温度响应具有良好的方位特性。温度传感器将温度变化转换为电信号，经运算放大，程序采用一定的算法来实现感温探测报警功能。

（1）双金属型定温火灾探测器

双金属型定温火灾探测器是以具有不同热膨胀系数的双金属片为敏感元件的一种定温火灾探测器。常用的结构形式有圆筒状和圆盘状两种。圆筒状的结构如图 2-8（a）、（b）所示，由不锈钢管、铜合金片以及调节螺栓等组成。两个铜合金片上各装有一个电接点，其两端通过固定块分别固定在不锈钢管和调节螺栓上。由于不锈钢管的膨胀系数大于铜合金片，当环境温度升高时，不锈钢管外筒的伸长大于铜合金片，因此铜合金片被拉直。在图 2-8（a）中两接点闭合发出火灾警报信号；在图 2-8（b）中两接点打开发出火灾警报信号。图 2-8（c）所示为双金属圆盘状定温火灾探测器结构示意图。

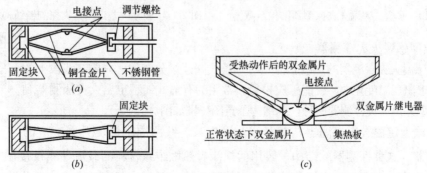

图 2-8 双金属型定温火灾探测器结构示意图

（2）热敏电阻及半导体 PN 结型感温火灾探测器

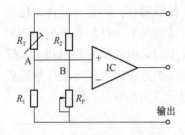

图 2-9 热敏电阻型感温探测器
电路原理图

热敏电阻及半导体 PN 结型感温火灾探测器是分别以热敏电阻及半导体为敏感元件的一种感温火灾探测器。两者的原理大致相同，区别仅仅是火灾探测器所用的敏感元件不同。热敏电阻定温火灾探测器的工作原理是：当环境温度升高时，热敏电阻 RT 随着环境温度的升高电阻值变小，A 点电位升高，当环境温度达到或超过某一规定值时，A 点电位高于 B 点电位，电压比较器输出高电平，信号经处理后输出火灾报警信号，电路原理图如图 2-9 所示。

热敏电阻型差温火灾探测器的工作原理是：用热敏电阻 R_T* 代替图 2-9 中固定电阻 R_1，当室内局部温度以超过常温数倍的异常速率升高时，利用热敏电阻 R_T、R_T* 热敏性能的差异，当室内局部温升速率达到或超过某一规定值时，A 点电位高于 B 点电位，电压比较器输出高电平，信号经处理后输出火灾报警信号。

（3）膜盒式感温火灾探测器

常见的是膜盒式差温火灾探测器，它由感温外罩、膜片、泄漏孔及电接点等几部分构成，其结构示意图如图 2-10 所示。当火灾发生时，室内局部温度将以超过常温数倍的异常速率升高。膜盒式感温火灾探测器就是利用对这种异常速率产生感应而研制的一种火灾探测器。当环境温度以不大于 1℃/min 的温升速率缓慢上升时，差温火灾探测器将不发出火灾警报信号，较为适用于产生火灾时温度快速变化的场所。

膜盒式差定温火灾探测器的结构示意图如图 2-11 所示。它的差温工作原理与膜盒式差温火灾探测器相同。膜盒内同时安装有用易熔合金固定的弹簧片，当环境温度达到标定温度时，低熔点合金熔化，弹簧片弹回，压迫固定在波纹片上的动触点，从而发出火灾报警信号。

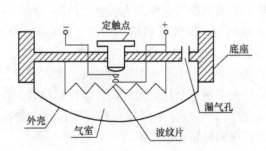

图 2-10 膜盒式差温火灾探测器结构示意图

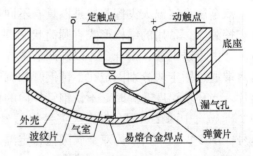

图 2-11 膜盒式差定温火灾探测器结构示意图

4. 线型感温火灾探测器

线型感温火灾探测器的热敏元件是沿一条线路连续分布的，只要在线段上的任何一点上出现温度异常，就能感应报警。常用的有缆式线型定温火灾探测器和空气管线型差温火灾探测器两种，其结构示意图分别如图 2-12（a）、（b）所示。

02.01.003

缆式线型感温
火灾探测器

缆式线型定温火灾探测器是对警戒范围中某一线路周围温度升高响应的火灾探测器。这种探测器的结构一般用两根涂有热敏绝缘材料的载流导线铰接在一起，或者是同芯电缆，电缆中的两根载流芯线用热敏绝缘材料隔离起来。在正常工作状态下，两根载流导线间呈高阻状态；当环境温度升高到或超过规定值时，热敏绝缘材料融化，造成导线短路，或使热敏材料阻抗发生变化，呈低阻状态，从而发出火灾报警信号。

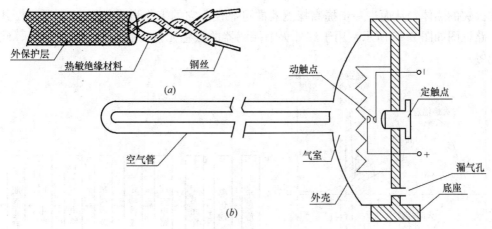

图 2-12 线型感温火灾探测器结构示意图

(a) 线型定温；(b) 线型差温

空气管线型差温火灾探测器是以空气管为敏感元件的线型感温火灾探测器。它由空气管和膜盒以及电路部分组成。空气管由细铜管或不锈钢管制成，并与膜盒连接构成气室。当环境温度缓慢变化时，空气管内空气受热膨胀后，能从膜盒的泄气孔泄出，因此不会推动膜片，电接点不会闭合；当环境温度上升很快，空气管内的空气受热膨胀迅速，来不及从膜盒的泄气孔泄出时，膜盒内压力增加，推动膜片位移，使接点闭合，从而产生火灾报警信号。

5. 点型感光火灾探测器

物质在燃烧时除了产生大量的烟和热外，也产生波长 4000Å 以下的紫外线。波长 4000~7000 埃米（Å）的可见光和波长 7000 埃米（Å）以上的红外线，同时，火焰本身具有一定的闪烁性，其闪烁频率在 3~30Hz 之间。由于火焰辐射的紫外线和红外线具有特定的峰值波长范围，因此感光火灾探测器可以用来探测火焰辐射的红外线和紫外线。感光火灾探测器又称火焰探测器，它用于响应火灾的光学特性即辐射光的波长和火焰的闪烁频率。根据响应波长的不同可分为红外火焰探测器和紫外火焰探测器两种。

(1) 红外火焰探测器

红外火焰探测器是对红外线辐射响应的感光火灾探测器。在大多数火灾燃烧中，火焰的辐射光谱主要偏向红外波段。单通道红外火焰探测器利用带通滤波器获得 $4.3\mu m$ 谱带的红外线，根据这一谱带的光强度变化及变化频率，判断环境中是否有火灾发生，它的工作谱带如图 2-13 所示；双通道红外探测器是在 $4.3\mu m$ 谱带主通

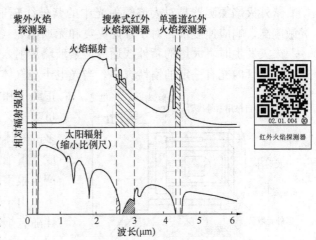

图 2-13 单通道红外探测器的工作谱带

道红外线的基础上，增加 $5~6\mu m$ 谱带辅助通道，主通道用于探测火灾，辅助通道用于监

视非火灾的热体，从而进一步提高探测器的可靠性，它的工作谱带如图 2-14 所示。其内部电路框图如图 2-15 所示。用于红外火焰探测器的敏感元件有硫化铝、热敏电阻、硅光电池等。

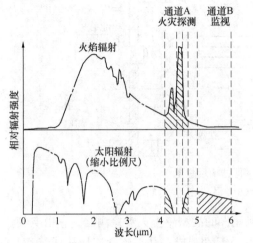

图 2-14　双通道红外探测器的工作谱带

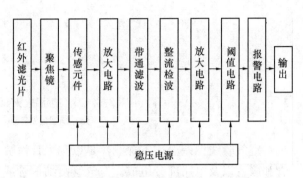

图 2-15　红外感光火灾探测器内部电路框图

燃烧产生的辐射光经红外滤光片的过滤，只有红外线进入探测器内部，红外线经凸透镜聚焦在红外光敏元件上，将光信号转换成电信号，其放大电路根据火焰闪烁频率鉴别出火焰燃烧信号并进行放大。为防止现场其他红外线辐射源偶然波动可能引起的误动作，红外探测器还有一个延时电路，它给探测器一个相应的响应时间，用来排除其他红外源的偶然变化对探测器的干扰，延时时间的长短根据光场特性和设计要求选定，通常有 3s、5s、10s 和 30s 等。当连续鉴别所在信号的时间超过给定要求后便触发报警装置，发出火灾报警信号。

红外火焰探测器，由于其探测波长较长，较适合含碳类液体火灾的探测。

（2）紫外火焰探测器

紫外火焰探测器是对火焰辐射光中的紫外线辐射响应的一种探测器。其灵敏度高，响应速度快，对于爆燃火灾和无烟燃烧（如酒精）火灾尤为适用。

火灾发生时，大量的紫外线通过透紫玻璃片射入光敏管，光电子受到电场的作用而加速，由于管内充有一定的惰性气体，当光电子与气体分子碰撞时，惰性气体分子被电离成正离子和负离子（电子），而电离后产生的正、负离子又在强电场的作用下被加速，从而使更多的气体分子电离。于是在极短的时间内，造成"雪崩"式放电过程，使紫外光敏管导通，产生报警信号，其结构外形如图 2-16 所示。

由于紫外线波长较短，不适合火灾发生时伴随有烟雾生成的火灾探测，比较适宜活泼金属及金属氧化物火灾的探测。

感光火灾探测器对火灾的响应速度比感烟、感温火灾探测器快，其传感元件在接收辐

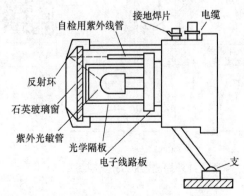

图 2-16　紫外感光探测器结构外形示意图

射光后几毫秒，甚至几微秒内就能发出信号，特别适用于突然起火而无烟雾的易燃易爆场所。由于它不受气流扰动的影响，是唯一能在室外使用的火灾探测器。

6. 可燃气体探测器

可燃气体探测器由气敏元件、电路、紧固部件和外壳组成。气敏元件是一种能将检测到的气体成分和浓度转换为电信号的传感器，是可燃气体探测器的核心部件。无论是何种可燃气体探测器，都需要通过气敏元件与可燃气体发生反应，将其产生的信号经过处理、放大，最终由控制装置发出报警信号。因此气敏元件是可燃气体探测器的核心部件。随着传感技术的不断发展和完善，气敏元件目前可分为半导体气敏传感器、催化燃烧式气敏传感器、电化学气敏传感器、光学式气敏传感器等。各种可燃气体探测器外形见图 2-17。

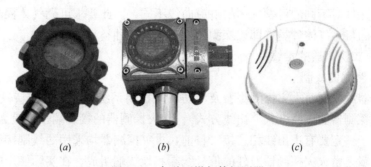

图 2-17　各种可燃气体探测器

(*a*) 红外可燃气体探测器；(*b*) 甲苯气体探测器；(*c*) 家用可燃气体探测器

(1) 半导体型可燃气体探测器

半导体型气敏传感器的检测元件（气敏元件）的工作原理是：当气体接触到半导体检测元件时，半导体的阻值发生变化，利用这种现象工作的传感器称为电阻式半导体气敏传感器。当气体接触 MOSFET 场效应管或金属—半导体结型二极管时，前者的阈值 VT 和后者的整流特性随周围气体状态而变化，利用这种现象工作的传感器称为非电阻式半导体气敏传感器。目前大多数点型可燃气体探测器使用的半导体气敏传感器都为电阻式半导体气敏传感器。电阻式半导体气敏传感器的特点是敏感元件构造简单，信号不需要专门的放大电路放大。

(2) 催化型可燃气体探测器

催化型可燃气体探测器原理见图 2-18。催化型可燃气体探测器的气敏传感器的检测元件是在铂金圈（铂丝 PtΦ0.015～Φ0.05）上包以氧化铝和黏合剂形成球状，经烧结而成，其外表面是敷有铂（Pt）、钯（Pb）等稀有金属的催化剂层，对铂丝元件通以电流，使检测元件保持高温（300～400℃），

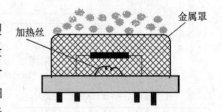

图 2-18　催化型可燃气体探测器原理

此时，元件若与可燃气体接触，可燃气体会在稀有金属催化剂层上燃烧，使铂丝线圈的温度上升，铂丝线圈的电阻值也随着上升，测量铂丝电阻变化的大小就可知道可燃气体的浓度。

(3) 电化学型可燃气体探测器

电化学型可燃气体探测器的气敏传感器通过检测电流来检测气体的浓度，分为不需供

电的原电池式和需要供电的可控电位电解式，目前可以用于检测许多有毒气体和氧气。在可燃气体探测器中，电化学气敏传感器主要被用来探测 CO。它的最简单的构造包括两个电极：感应电极和对电极，二者用电解质薄层分离。电极被包含在塑料模型内，顶部上有小孔，允许气体进入，底部的引脚便于传感器与其他外部设备相连。气体在进入传感器后被氧化，便在另一电极上发生与之对应的逆反应，在外部电路上形成电流。由于气体进入传感器的速度是由小孔控制，所以产生的电流是与传感器外部当时的气体浓度成比例，并能直接测量当时的可燃气体含量。

（4）光学型可燃气体探测器

光学型可燃气体探测器的气敏传感器主要包括红外线吸收型、光谱吸收型和荧光型等，其中，以红外线吸收型为主。由于不同气体对红外线的吸收不同，所以，可以通过测量红外线的吸收来检测气体。

由于气敏元件对不同的可燃气体的响应曲线不同，因此要求可燃气体探测器在产品标识中注明标定的可燃气体种类（即该探测器的适用气体种类）。

2.1.3　火灾探测器的接线

1. 火灾探测器的线制

火灾探测器的线制对火灾探测报警及消防联动控制系统报警形式和特性有较大影响。线制就是火灾探测器的接线方式（出线方式）。火灾探测器的接线端子一般为 3～5 个，但并不是每个端子一定要有进出线相连接。目前，火灾探测器均采用两线制接线方式。

两线制一般是由火灾探测器对外的信号线端和地线端组成。在实际使用中，两线制火灾探测器的 DC24V 电源端、检查线端和信号线端合一作为"信号线"形式输出，目前在火灾探测报警及消防联动控制系统产品中使用广泛。两线制接法可以完成火灾报警、断路检查、电源供电等功能，其布线少，功能全，工程安装方便。但使火灾报警装置电路更为复杂，不具有互换性。两线制探测接线见图 2-19。

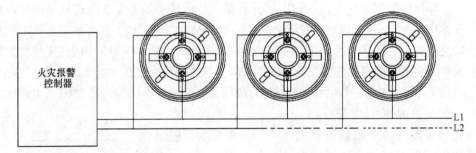

图 2-19　两线制火灾探测器接线

2. 火灾探测器的接线及要求

（1）探测器的接线应按设计和生产厂家的要求进行，通常要求正极"＋"线应为红色，负极"－"线应为蓝色，其余线根据不同用途采用其他颜色区分，但同一工程中用途相同的导线其颜色应一致。

（2）探测器的底座应固定可靠，其连接导线必须可靠压接或焊接，当采用焊接时不得使用带腐蚀性的助焊剂，外接导线应有 0.15m 的余量。

（3）探测器底座的穿线孔宜封堵，安装时应采取保护措施（如装上防护罩）。

（4）有些火灾探测场所采用统一的地址编码，即由一只地址编码模块和若干个非地址编码探测器组合而成，其接线如图 2-20 所示。

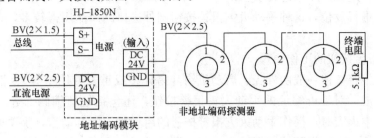

图 2-20 探测器地址编码模块接线示意图

2.2 火灾报警系统常用附件

2.2.1 手动报警按钮

手动报警按钮分成两种，一种为不带电话插孔，另一种为带电话插孔。手动报警按钮为红色全塑结构，分底盒与上盖两部分，不带电话插孔的手动报警按钮外形如图 2-21 所示。带电话插孔的手动报警按钮外形如图 2-22 所示。

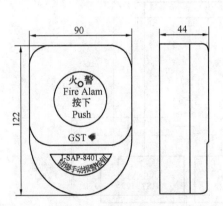

图 2-21 不带电话插孔手动
报警按钮外形示意图

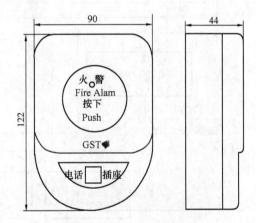

图 2-22 带电话插孔手动
报警按钮外形示意图

1. 手动报警按钮的分类

手动火灾报警按钮一般按其启动机构的操作方式、应用范围、安装方式及使用环境进行分类。

（1）按启动机构的操作方式分为：手动按碎（下）、手动击打、手动拉下三种。

（2）按应用范围分为：防爆型、船用型、普通型。

（3）按安装方式分为：明装式、暗装式。

（4）按使用环境分为：户内型、户外型。

消防手报的复位一般有三种形式：吸盘复位型、钥匙复位和更换玻璃进行复位。

吸盘复位型，此类型手报是采用塑料制成的按片，可以用专用的吸盘进行复位。

钥匙复位，此类型手动火灾报警按钮是采用专用钥匙进行复位的，在手报报警按钮上有一个钥匙孔，这就是用来进行复位的。

更换玻璃进行复位，这种手动火灾报警按钮国外进口的产品用得较多，直接更换玻璃就可以了。

2. 手动报警按钮的工作原理

手动火灾报警按钮一般由外壳、启动机构（易碎型或重复使用型等）、报警确认灯及触点等部件组成。对于可编址的手动火灾报警按钮，还包括地址编码部分。其工作原理是：当现场发生火灾时，操作手动火灾报警按钮的启动机构使其动作，手动火灾报警按钮即可向与之相连的火灾报警控制器发出火灾报警信号，火灾报警控制器接收到报警信号后发出火灾声光报警信号，指示报警类型和部位，手动火灾报警按钮的报警确认灯应点亮，并保持至启动机构被更换或手动复原后报警状态被复位。启动机构是由玻璃或类似玻璃物质构成，在受到压力或击打后，发生破碎或明显的位移的部件。

3. 手动报警按钮接线

不带电话插孔的手动报警按钮的 Z_1、Z_2 端子直接接入控制器总线上即可。带电话插孔的手动报警按钮接线见图 2-23。

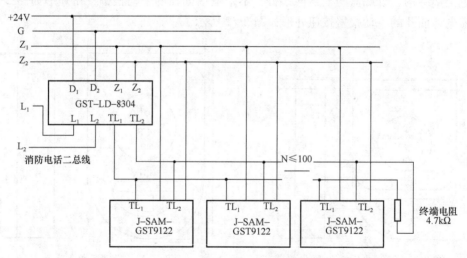

图 2-23 带电话插孔的手动报警按钮接线

4. 布线要求

信号线 Z_1、Z_2 采用阻燃 RVS 双绞线，导线截面 $\geqslant 1.0 \text{mm}^2$。

2.2.2 消火栓报警按钮

02.02.002
消防栓报警按钮

采用临时高压消防给水的室内消火栓系统，当发生火灾时，按下消火栓按钮，消火栓按钮的动作信号应作为报警信号及启动消火栓泵的联动触发信号，由消防联动控制器联动控制消火栓泵的启动，满足消火栓所需的压力和流量的水进行灭火。

1. 工作原理

消火栓按钮和手动按钮工作原理一样，就是按钮按下，接通电路，然后就可以输出信号了。

根据《火灾自动报警系统设计规范》GB 50116— 2013 要求：消火栓系统出水干管上设置的低压压力开关、高位消防水箱出水管上设置的流量开关或报警阀压力开关等信号作为触发信号，直接控制启动消火栓泵，消火栓泵的联动控制不受消防联动控制器处于自动或手动状态影响；当建筑内设置火灾自动报警系统时，消火栓按钮的动作信号作为报警信号及启动消火栓泵的联动触发信号，消防联动控制器在接收到满足逻辑关系的联动触发信号后，联动控制消火栓泵的启动。消火栓按钮不直接启动消火栓水泵了。消火栓按钮见图 2-24。

 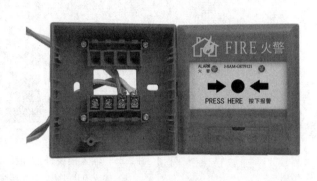

(a)　　　　　　　　　　　　　　　　(b)

图 2-24　消火栓按钮外观和接线端子图

(a) 消火栓按钮外观；(b) 接线端子

2. 消火栓按钮的设置

消火栓按钮一般设置在消火栓箱旁边，距地 1.3m 嵌入式安装。

3. 消火栓按钮的接线

与手动报警按钮接线一样，把消火栓按钮的 Z_1、Z_2 端子直接接入控制器总线上即可。

4. 布线要求

信号线 Z_1、Z_2 采用阻燃 RVS 双绞线，导线截面≥1.0mm²。

2.2.3　现场模块

现场模块可分为输入模块、单输入/输出模块、双输入/输出模块、切换模块等，现以海湾产品为例进行说明。

1. 输入模块

(1) 功能

输入模块用于接收消防联动设备输入的常开或常闭开关量信号，并将联动信息传到火灾报警控制器（联动型）。主要用于配接现场各种主动型设备如水流指示器、压力开关、位置开关、信号阀、防火阀及能够送回开关信号的外部联动设备等。这些设备动作后，输出的动作信号可由模块通过信号二总线送入火灾报警控制器，产生报警，并可通过火灾报警控制器来联动其他相关设备动作。输入端具有检线功能，可现场设为常闭检线、常开检线输入，应与无源触点连接。

(2) 工作原理

内嵌处理器，负责对输入信号的逻辑状态进行判断，并对该逻辑状态进行处理，分别以正常、动作、故障三种形式传给控制器。

（3）接线

以海湾 GST-LD-8300 输入模块与现场的设备接线为例。GST-LD-8300 输入模块外形见图 2-25。

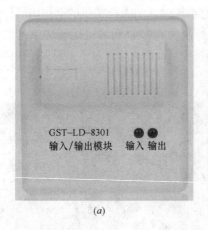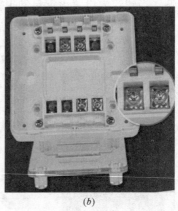

（a）　　　　　　　　　　　　　　（b）

图 2-25　输入模块外形和接线端子图

（a）输入模块外形；（b）接线端子

1）模块与具有常开无源触点的现场设备连接方法如图 2-26 所示。模块输入参数设为常开检线。

2）模块与具有常闭无源触点的现场设备连接方法如图 2-27 所示，模块输入设定参数设为常闭检线。

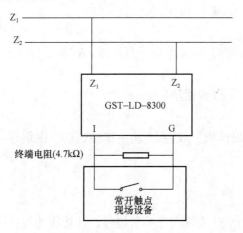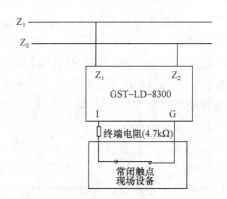

图 2-26　模块与具有常开无源触点　　　图 2-27　模块与具有常闭无源触点
　　　　　　的现场设备连接　　　　　　　　　　　　的现场设备连接

（4）布线要求

信号总线 Z_1、Z_2 采用阻燃 RVS 型双绞线，截面积 $\geqslant 1.0\text{mm}^2$；I、G 采用阻燃 RV 软线，截面积 $\geqslant 1.0\text{mm}^2$。

2. 单输入/输出模块

（1）功能

GST-LD-8301 型单输入/输出模块用于现场各种一次动作并有动作信号输出的被动型

设备，如排烟阀、送风阀、防火阀等接入到控制总线上。GST-LD-8301 型单输入/输出模块外形及底座如图 2-28 所示。

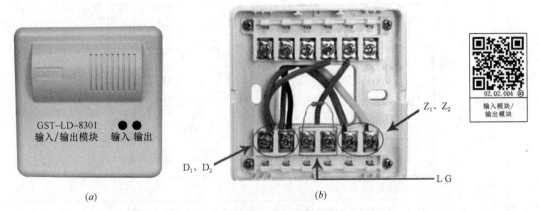

图 2-28 GST-LD-8301 型单输入/输出模块外形及底座

本模块采用电子编码器进行编码，模块内有一对常开、常闭触点。模块具有直流 24V 电压输出，用于与继电器触点接成有源输出，满足现场的不同需求。另外模块还设有开关信号输入端，用来和现场设备的开关触点连接，以便对现场设备是否动作进行确认。本模块具有输入、输出检线功能。应当注意的是，不应将模块触点直接接入交流控制回路，以防强交流干扰信号损坏模块或控制设备。

（2）应用方法

模块输入端如果设置为"常开检线"状态输入，模块输入线末端（远离模块端）必须并联一个 4.7kΩ 的终端电阻；模块输入端如果设置为"常闭检线"状态，输入模块输入线末端（远离模块端）必须串联一个 4.7kΩ 的终端电阻。

1）无源输出时，输出检线电压由被控设备提供，模块与控制设备的接线示意图如图 2-29。

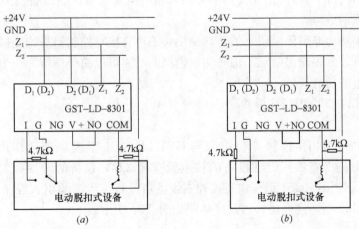

图 2-29 单输入/输出模块无源输出接线示意图
（a）无源常开输入；（b）无源常闭输入

2）对于需要模块控制 24V 输出给被控设备时推荐使用无源输出方式，接线示意图如图 2-30。

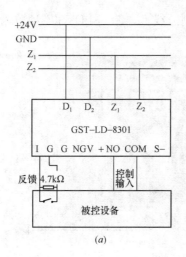

图 2-30　单输入/输出模块控制 24V 输出给被控设备接线示意图

(a) 无源常开输入；(b) 无源常闭输入

（3）布线要求

信号总线 Z_1、Z_2 采用阻燃 RVS 型双绞线，截面积$\geqslant$1.0mm^2；电源线 D_1、D_2 采用阻燃 BV 线，截面积$\geqslant$1.5mm^2；G、NG、V$+$、NO、COM、S$-$、I 采用阻燃 RV 软线，截面积$\geqslant$1.0mm^2。

3. 切换模块

消防切换模块专门用来与专线控制板配合使用，控制现场的强电电气设备（例如：喷淋泵，消火栓泵，泡沫泵，电梯等）的启动、停止。消防切换模块是一种非编码模块，不能直接连接到总线上，只能由专线控制板进行控制。

消防切换模块在消防系统中作用是实现对现场大电流（直流）启动设备的控制及交流 220V 设备的转换控制，以防由于使用消防输入输出模块直接控制设备造成将交流电源引入控制系统总线的危险。

消防切换模块为非编码模块，消防切换模块不可直接与控制器总线连接，消防切换模块具有一对常开、常闭输出触点。消防切换模块的功能可以简单理解为一个继电器，用弱电实现控制强电的功能。

（1）GST-LD-8302 型切换模块

1）功能

GST-LD-8302 型切换模块专门用来与 GST-LD-8301 型模块配合使用，实现对现场大电流（直流）启动设备的控制及交流 220V 设备的转换控制，以防由于使用 GST-LD-8301 型模块直接控制设备造成将交流电源引入控制系统总线的危险。GST-LD-8302 型切换模块外形及底座图如图 2-31 所示。

2）应用方法

本模块为非编码模块，不可直接与控制器总线连接，只能由 GST-LD-8301 模块控制。模块具有一对常开、常闭输出触点。控制交流设备的应用方法如图 2-32 所示。

3）布线要求

各端子外接线均采用阻燃 RV 软线，截面积$\geqslant$2.5mm^2。

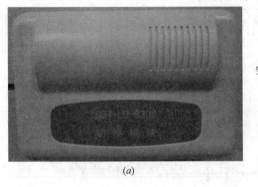
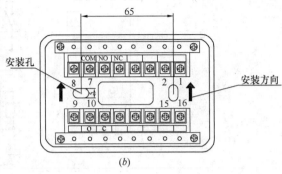

图 2-31　GST-LD-8302 型切换模块外形及底座图

(a) 外形；(b) 底座

(2) GST-LD-8302A 型双动作切换模块

1) 功能

GST-LD-8302A 型双动作切换模块是一种专门设计用于与 GST-LD-8303 输入/输出模块连接，实现控制器与被控设备之间作交流直流隔离及启动、停动双动作控制的接口部件。

本模块为一种非编码模块，不可与控制器的总线连接。模块有两对常开、常闭输出触点，可分别独立控制。

2) 应用方法 GST-LD-8302A 型模块电气原理图如图 2-33 所示。

3) 布线要求　各端子外接线均采用阻燃 BV 线，导线截面≥1.5mm²。

2.2.4　声光警报装置

火灾警报器种类有光警报器和声光警报器，其类型较多，现以海湾 GST-HX-M8503 型火灾声光警报器为例说明。

1. 功能

火灾声光警报器是一种安装在现场的声光报警设备，当现场发生火灾并确认后，安装在

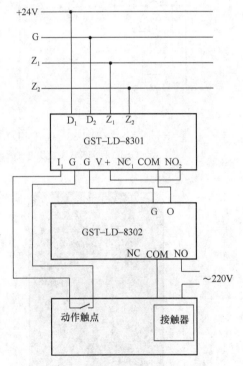

图 2-32　GST-LD-8302 切换模块与 GST-LD-8301 模块控制应用

现场的火灾声光报警器可由消防控制中心的火灾报警控制器启动，发出强烈的声光报警信号，以达到提醒现场人员注意的目的。GST-HX-M8503 火灾声光警报器外形如图 2-34 所示。

2. GST-HX-M8503 火灾声光警报器主要技术指标

(1) 工作电压：总线电压：总线 24V；电源电压：DC24V。

(2) 监视电流：总线电流≤0.5mA；电源电流≤2mA。

(3) 动作电流：总线电流≤2mA；电源电流≤60mA。

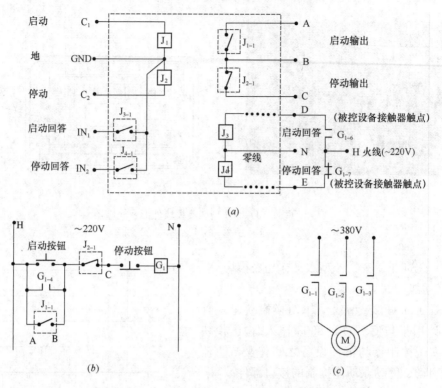

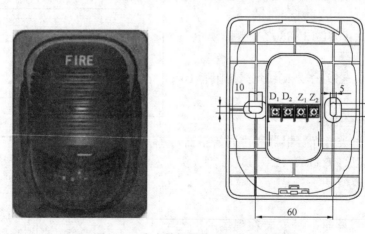

图 2-33 GST-LD-8302A 型模块电气控制原理图

(*a*) GST-LD-8302A 型模块电气原理图；(*b*) 被控设备电气回路；(*c*) 电机回路

图 2-34 声光警报器外形与底座示意图

(4) 线制：四线制，与控制器采用无极性信号二总线连接，与电源线采用无极性二线制连接。

(5) 声压级≥85dB（正前方 3m 水平处（A 计权））。

(6) 闪光频率：1.0Hz～1.5Hz。

(7) 变调周期：4s（1±20%）。

(8) 声调：火警声。

(9) 使用环境：温度：−10℃～+50℃；相对湿度≤95%，不结露。

（10）外壳防护等级：IP30。

（11）执行标准：GB 26851—2011。

（12）外形尺寸：106mm×142mm×62mm。

3. 布线要求：信号总线 Z_1、Z_2 采用阻燃 RVS 双绞线，截面积≥1.0mm²；电源线 D_1、D_2 采用阻燃 BV 线，截面积≥1.5mm²。

2.2.5 总线中继器

1. 功能

GST-LD-8321 中继模块采用 24V 供电，总线信号输入与输出间电气隔离，完成了探测器总线的信号隔离传输，可增强整个系统的抗干扰能力，并且具有扩展探测器总线通讯距离的功能。GST-LD-8321 中继模块主要用于总线处在有比较强的电磁干扰的区域及总线长度超过 1000m 需要延长总线通讯距离的场合。其外形如图 2-35 所示。

2. 主要技术指标

（1）总线输入距离≤1000m。

（2）总线输出距离≤1000m。

（3）电源电压：DC18V～DC27V。

（4）静态工作电流≤20mA。

（5）带载能力及兼容性：可配接 1～242 点总线设备，兼容所有总线设备。

（6）隔离电压：总线输入与总线输出间隔离电压≥1500V。

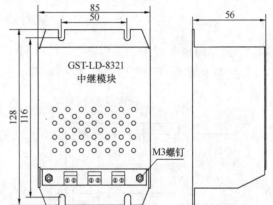

图 2-35　GST-LD-8321 中继模块外形图

（7）使用环境：温度：−10℃～+50℃；相对湿度≤95%，不结露。

（8）外形尺寸：85mm×128mm×56mm。

3. 布线要求：无极性信号二总线采用 RVS 双绞线，截面积≥1.0mm²；DC24V 电源线采用 BV 线，截面积≥1.5mm²。

2.2.6 短路隔离器

1. 功能

图 2-36　短路隔离器外形图

在总线制火灾自动报警系统中，往往会出现某一局部总线出现故障（例如短路）造成整个报警系统全线瘫痪的情况。而将短路隔离器串入总线的各段或串入主线与支线的交界处，一旦出现总线回路某处短路，隔离器就会将发生故障的总线部分与整个系统隔离开来，以保证系统的其他部分能够正常工作。当故障部分的总线修复后，短路隔离器可自行恢复工作将被隔离出去的部分重新纳入系统。

短路隔离器外形如图 2-36 所示，其接线示意图如图 2-37 所示。

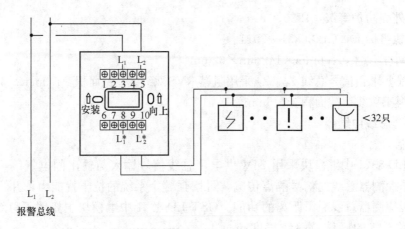

图 2-37　短路隔离器接线示意图

2. 短路隔离器应用

短路隔离器现场设置形式如图 2-38 所示。

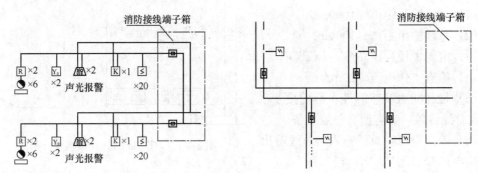

短路隔离器设置形式一：并接在线路中（放射式，树干式）

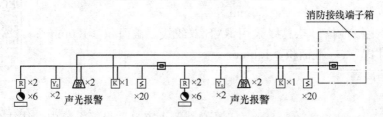

短路隔离器设置形式一：串接在线路中

图 2-38　短路隔离器的设置形式

3. 布线要求

直接与信号二总线连接，无须其他布线。可选用截面积≥1.0mm^2 的阻燃 RVS 双绞线。

2.2.7　火灾显示盘

火灾显示盘是火灾报警指示设备的一部分，它是接收火灾报警控制器发出的信号，显示发出火警部位或区域，并能发出声光火灾信号的装置，通常设置于经常有人员存在或活动而没有设置火灾报警控制器的现场区域；特别是在高（多）层、大跨度空间、连体建筑群和内部复杂构造的建筑等火灾报警信息通报受限的场所，火灾显示盘已经成为必不可少的重要设备。一般地一个报警分区设置一台火灾显示盘。通常其所指示的信息区域为一个防火分区或一个楼层，即每一防火分区或楼层应设置一台火灾显示盘。

1. 火灾显示盘的分类

火灾显示盘按其结构形式为壁挂式；按供电方式可分为：非自备电源型和自备电源型。非自备电源型火灾显示盘作为火灾报警控制器的附属设备，可采用 DC24V 方式由火灾报警控制器或独立的消防电源供电，本机不具备从市电取电和备电供给能力，由于直流远程供电损耗较大，故该类火灾显示盘需低功耗设计。自备电源型火灾显示盘具备从市电取电能力，其电源部分的技术要求基本等同于火灾报警控制器电源的技术要求，具备主电、备电自动转换、备用电源自动充电、电源故障监测、电源工作状态指示功能。图 2-39 为海湾 ZF-101 型火灾显示盘。

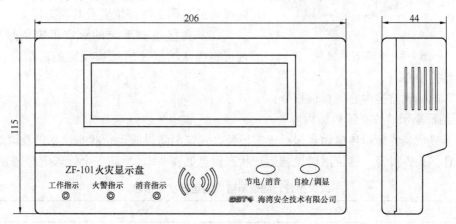

图 2-39　ZF-101 型火灾显示盘

2. 火灾显示盘的工作原理

火灾显示盘作为报警信息的现场指示设备，不挂接其他报警触发设备，可以挂接火灾警报装置。通常可有主控单元、指示操作单元、通信单元、电源单元和可选的控制输出接口等部分构成。其工作原理是：火灾报警控制器检测到系统内有火灾或故障事件发生时，通过通信总线将报警信息传输给每台火灾显示盘，火灾显示盘把接收的信息进行分析和筛选，把属于自己辖内的防火分区的报警信息直接显示出来，同时发出声光报警信号，以通知失火区域人员。

3. 布线要求

DC24V 电源线采用阻燃 BV 线，截面积≥2.5mm^2；通信线 A、B 采用阻燃屏蔽双绞线，截面积≥1.0mm^2。

2.2.8　微机显示系统

图形显示装置是用来接收火灾报警、故障信息、发出声光信号，并在显示器上的模拟现场的建筑平面图相应位置显示火灾、故障等信息的图形显示装置。它采用标准 RS-232 通信方式或其他标准串行通信方式与火灾报警控制器之间进行通信。其基本构成包括：主机、显示器、图形显示装置软件等软硬件设备组成。不同厂家的产品会有部分不同。微机显示装置如图 2-40 所示。

图 2-40　图形显示装置

1. 图形显示装置功能

（1）接收火灾报警控制器和消防联动控制器发出的火灾报警信号或联动控制信号，并在 3s 内进入火灾报警或联动状态，显示相关信息。

（2）能查询并显示监视区域中监控对象系统内各消防设备的物理位置及动态状态信息，并能在发出查询信号后 5s 内显示相应信息。

（3）显示建筑总平面布局图、每个保护对象的建筑平面图、系统图。

（4）保护区域的建筑平面图应能显示每个保护对象及主要部位的名称；并能显示各类消防设备的名称、物理位置及其动态信息。

（5）在接收到系统的火灾报警信号后 10s 内可将确认的报警信息按规定的通信协议格式传送给监控中心。

（6）能接收监控中心的查询指令。

2. 图形显示装置显示传输内容

图形显示装置显示传输内容包括火灾报警、建筑消防设施运行状态信息以及消防安全管理信息。火灾报警、建筑消防设施运行状态信息见表 2-6，消防安全管理信息见表 2-7。

火灾报警、建筑消防设施运行状态信息　　　　　　　　　表 2-6

设施名称		内　　容
火灾探测报警系统		火灾报警信息、可燃气体探测报警信息、电气火灾监控报警信息、屏蔽信息、故障信息
消防联动控制系统	消防联动控制器	动作状态、屏蔽信息、故障信息
	消火栓系统	消防水泵电源的工作状态，消防水泵的启、停状态和故障状态，消防水箱（池）水位、管网压力报警信息及消火栓按钮的报警信息
	自动喷水灭火系统、水喷雾（细水雾）灭火系统（泵供水方式）	喷淋泵电源工作状态，喷淋泵启停状态和故障状态，水流指示器、信号阀、报警阀、压力开关的正常工作状态和动作状态
	气体灭火系统、细水雾灭火系统（压力容器供水方式）	系统的手动、自动状态及故障状态，阀驱动装置的正常工作状态和动作状态，防护区域中的防火门（窗）、防火阀、通风空调等设备的正常工作状态和动作状态，系统的启停信息，紧急停止信号和管网压力信号
	泡沫灭火系统	消防水泵、泡沫液泵的电源工作状态，系统手动、自动工作状态及故障状态，消防水泵、泡沫液泵的正常工作状态和动作状态
	干粉灭火系统	系统的手动、自动工作状态及故障状态，驱动装置的正常工作状态和动作状态，系统的启停信息，紧急停止信号和管网压力信号

续表

设施名称		内　容
消防联动控制系统	防排烟系统	系统的手动、自动工作状态，防烟排烟风机电源的工作状态，风机、电动防火阀、电动排烟防火阀、常闭送风口、排烟阀（口）、电动排烟窗、电动动挡烟垂壁的正常工作状态和动作状态
	防火门及卷帘系统	防火卷帘控制器、防火门监控器的工作状态和故障状态。卷帘门的工作状态，具有反馈信号的各类防火门、疏散门的工作状态和故障状态等动态信息。
	消防电梯	消防电梯的停用和故障状态
	消防应急广播	消防应急广播的启动停止和故障状态
	消防应急照明和疏散指示系统	消防应急照明和疏散指示系统的故障状态和应急工作状态信息
	消防电源	系统内个消防用电设备的供电电源和备用电源工作状态和欠压报警信息

消防安全管理信息　　　　　　　　　表 2-7

序号	名　称		内　容
1	基本情况		单位名称、编号、类别、地址、联系电话、邮政编码、消防控制室电话；单位职工人数、成立时间、上级主管（或管辖）单位名称、占地面积、总建筑面积、单位总平面图（含消防车道、毗邻建筑等）；单位法人代表、消防安全责任人、消防安全管理人及专兼职消防管理人的姓名、身份证号码、电话
2	主要建、构筑物等信息	建（构）筑物	建筑物名称、编号、使用性质、耐火等级、结构类型、建筑高度、地上层数及建筑面积、地下层数及建筑面积、隧道高度及长度等，建造日期、主要存储物名称及数量、建筑物内最多容纳人数、建筑立面图及消防设施平面布置图；消防控制室位置、安全出口数量、位置及形式（指疏散楼梯）；毗邻建筑使用性质、结构类型、建筑高度、与本建筑间距
		堆场	堆场名称、主要堆放物品名称、总储量、最大堆高、堆场平面图（含消防车道、防火间距）
		储罐	储罐区名称、储罐类型（指地上、地下、立式、卧式、浮顶、固定顶等）、总容积、最大单罐容积及高度、储存物名称、性质及形态、储存区平面图（含消防车道、防火间距）
		装置	装置区名称、占地面积、最大高度、设计日产量、主要原料、主要产品、装置区平面图（含消防车道、防火间距）
3	单位（场所）内消防安全重点部位信息		重点部位名称、所在位置、使用性质、建筑面积、耐火等级、有无消防设施、责任人姓名、身份证号码及电话
4	室内外消防设施信息	火灾自动报警系统	设置部位、系统形式、维保单位名称、联系电话；控制器（含火灾报警、消防联动、可燃气体报警、电气火灾监控等）、探测器（含火灾探测、可燃气体探测、电气火灾探测等）、手动火灾报警按钮、消防电气控制装置等的类型、型号、数量、制造商；火灾自动报警系统图

序号	名 称		内 容
4	室内外消防设施信息	消防水源	市政给水管网形式（指状、支状）及管径、市政管网向建（构）筑物供水的进水管数量及管经、消防水池位置及容量、屋顶水箱位置及数量、其他水源形式及供水量、消防泵房设置位置及水泵数量、消防给水系统平面图
		室外消火栓系统	室外消火栓管网形式（指环状、支状）及管径、消火栓数量、室外消火栓平面布置图
		室内消火栓系统	室内消火栓系统形式（指环状、支状）及管径、消火栓数量、水泵接合器位置及数量、有无与本系统相连的屋顶消防水箱
		自动喷水灭火系统（含雨淋、水幕系统）	设置部位、系统形式（指湿式、干式、预作用、开式、闭式等）、报警阀位置及数量、水泵接合器位置及数量、有无与本系统相连的屋顶消防水箱、自动喷水灭火系统图
		水喷雾（细水雾）灭火系统	设置部位、报警阀位置及数量、水喷雾（细水雾）灭火系统图
		气体灭火系统	系统形式（指有管网、无管网，组合分配、独立式，高压、低压等），系统保护的防护区数量及位置、手动控制装置位置、钢瓶位置、灭火剂类型、气体灭火系统图
		泡沫灭火系统	设置部位泡沫种类（指低倍、中倍、高倍，抗溶、氟蛋白等），系统形式（指液上、液下，固定、半固定等），泡沫灭火系统图
		干粉灭火系统	设置部位、干粉储罐位置、干粉灭火系统图
		防烟排烟系统	设置部位、风机安装位置、风机数量、风机类型、防烟排烟系统图
		防火门及卷帘	设置部位、数量
		消防应急广播	设置部位、数量，消防应急广播系统图
		应急照明及疏散指示系统	设置部位、数量，应急照明及疏散指示系统图
		消防电源	设置部位、消防电源在配电室是否有独立配电柜供电、备用电源形式（市电、发电机、EPS 等）
		灭火器	设置部位、配置类型（指手提式、推车式等）、数量、生产日期、更换药剂日期
5	消防设施定期检查及维护保养记录		检查人姓名、检查日期、检查类别（指日检、月检、季检、年检等），检查内容（指各类消防设施相关技术规范规定的的内容）及处理结果，维护保养日期内容
6	日常防火巡查记录	基本信息	值班人员姓名、每日巡查次数、巡查时间、巡查部位
		用火用电	用火、用电有无违章情况
		疏散通道	安全出口、疏散通道、疏散楼梯是否畅通、是否堆放可燃物；疏散走道、疏散楼梯、顶棚装饰材料是否合格
		防火门、防火卷帘	常闭防火门是否处于正常工作状态，是否被锁闭；防火卷帘门是否处于正常工作状态，防火卷帘下方是否堆放物品影响使用

序号	名 称		内 容
6	日常防火巡查记录	消防设施	疏散指示标志、应急照明是否处于正常完好状态；火灾自动报警系统探测器是否处于正常完好状态；自动喷水灭火系统喷头、末端试（放）水装置、报警阀是否处于正常完好状态；室内、室外消火栓是否处于正常完好状态；灭火器是否处于正常完好状态
7		火灾信息	起火时间、起火部位、起火原因、报警方式（指人工、自动等）、灭火方式（指气体、喷水、水喷雾、泡沫、干粉、灭火器、消防队等）

2.2.9 消防设备应急电源

消防设备应急电源是指应急工作时间能确定的、储能装置为蓄电池的、消防设备所使用的应急电源装置。它作为一种安装在建筑物内的备用消防电源装置，当建筑物发生火灾、事故或其他紧急情况导致市电中断时，可以为火灾自动报警系统、联动灭火系统、消防通信、火灾广播、消防电梯、消防水泵、水喷淋泵、防排烟设施、应急照明、疏散指示标志和电动防火门、窗、卷帘、阀门等消防用电设备提供第二路供电电源。

1. 消防设备应急电源的分类

消防设备应急电源按其输出方式分为：交流输出、直流输出。交流输出消防设备应急电源又可分为：单相交流输出和三相交流输出。直流输出型只能为诸如火灾自动报警系统和消防联动控制系统等消防电子（弱电）设备提供直流电源，而不能为消防电梯、水泵、排烟风机等消防电力（强电）设备提供交流电源。

2. 消防设备应急电源的工作原理

消防设备应急电源主要包括整流充电器、蓄电池组、逆变器、互投装置等部分。其工作原理是：消防设备应急电源的逆变器的作用是将直流电变换成交流电；整流器的作用是将交流电变成直流电，实现对蓄电池及向逆变器模块供电；互投装置是完成在市电与逆变器输出间的切换；系统控制器对整个装置进行实时监控和工作状态显示，可以发出报警信号，同时可通过串行接口与计算机或 Modem 连接，可实现对供电系统的远程计算机集中监控和管理。

在正常情况时，由交流市电供电，并对内置的蓄电池组自动充电，当交流市电断电后，互投装置立即切换至备用电源供电，供电时间由蓄电池的容量决定，当交流市电恢复时，应急电源将恢复为市电供电。

2.3 火灾报警控制器

火灾报警控制器是火灾自动报警系统的核心组件之一，担负着为其所连接的报警触发器件、火灾警报装置、火灾显示盘等现场设备的供电、信息处理和控制管理功能；联动型火灾报警控制器还具有对相关消防联动设备的管理控制功能。火灾报警控制器是火灾自动报警系统的信息生成与交互的节点设备，不仅承担系统内各种信息的传输，而且担负着与其他外部系统的信息交流功能，同时也是人员与火灾自动报警系统进行人机交互的重要设备，是人员了解火灾自动报警系统工作信息、干预系统工作的交互平台。随着网络通信技术在火灾报警系统中的应用，火灾报警控制器在网络通信和信息集成方面也取得了长足的发展，火灾报警控制器不仅能够实现本地系统内的互联互通，而且能够实现城市火灾报警系统联网。

2.3.1　火灾报警控制器的分类

火灾报警控制器是作为火灾自动报警系统的控制中心，能够接收并发出火灾报警信号和故障信号，同时完成相应的显示和控制功能的设备。可按应用方式、结构形式分类。

1. 按应用方式分

（1）区域型火灾报警控制器

区域型火灾报警控制器能直接接收火灾触发器件或模块发出的信息，并能向集中型火灾报警控制器传递信息功能的火灾报警控制器。

（2）集中型火灾报警控制器

集中型火灾报警控制器是能接收区域型火灾报警控制器（含相当于区域型火灾报警控制器的其他装置）、火灾触发器件或模块发出的信息，并能发出某些控制信号使区域型火灾报警控制器工作的火灾报警控制器。

（3）集中区域兼容型火灾报警控制器

集中区域兼容型火灾报警控制器是既可作集中型火灾报警控制器，又可作区域型火灾报警控制器用的火灾报警控制器。

（4）独立型火灾报警控制器

独立型火灾报警控制器是不具有向其他火灾报警控制器传递信息功能的火灾报警控制器。

2. 按结构形式分

火灾报警控制器按结构形式分为壁挂式、台式、柜式三种。

（1）壁挂式火灾报警控制器

其连接探测器回路数相应少一些，控制功能较简单。一般区域火灾报警控制器常采用这种结构。外形如图 2-41 所示。

（2）台式火灾报警控制器

其连接探测器回路数较多，联动控制较复杂，操作使用方便，一般常见于集中火灾报警控制器。外形如图 2-42 所示。

（3）柜式火灾报警控制器

与台式火灾报警控制器基本相同，内部电路结构多设计成插板组合式，易于功能扩展。外形如图 2-43 所示。

3. 火灾报警控制器型号表示

火灾报警控制器产品型号由类组型特征代号、分类特征代号及参数、结构特征代号、

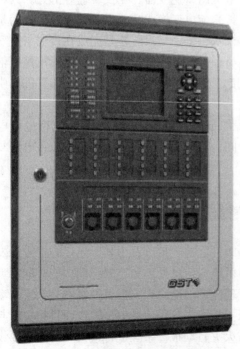

图 2-41　壁挂式火灾报警控制器

传输方式特征代号及参数、联动功能特征代号、厂家及产品代号组成。

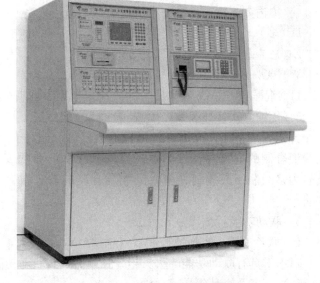

图 2-42 柜式火灾报警控制器　　　图 2-43 台式火灾报警控制器

（1）类组型特征代号表示法

1）J（警）——消防产品中火灾报警设备分类代号。

2）B（报）——火灾报警控制器产品代号。

3）应用范围特征代号表示。

应用范围特征代号是指火灾报警控制器的适用场所，适用于爆炸危险场所的为防爆型，否则为非防爆型；适用于船上使用的为船用型，适合于陆上使用的为陆用型。其具体表示方式是：

B（爆）——防爆型（型号中无"B"代号即为非防爆型，其名称亦无须指出"非防爆型"）；

C（船）——船用型（型号中无"C"代号即为陆用型，其名称中亦无须指出"陆用型"）；

（2）分类特征代号及参数，结构特征代号、传输方式特征代号及参数、联动功能特征代号表示法。

1）分类特征代号表示法

Q（区）——区域火灾报警控制器；

J（集）——集中火灾报警控制器；

T（通）——通用火灾报警控制器。

2）分类特征参数表示法

分类特征参数用一或二位阿拉伯数字表示。集中或通用火灾报警控制器的分类特征参数表示其可连接的火灾报警控制器数。区域火灾报警控制器的分类特征参数可省略。

3）结构特征代号表示法

G（柜）——柜式；

T（台）——台式；

B（壁）——壁挂式。

4）传输方式特征代号表示法

D（多）——多线制；

Z（总）——总线制；

W（无）——无线制；

H（混）——总线无线混合制或多线无线混合制。

5）传输方式特征参数表示法

传输方式特征参数用一位阿拉伯数字表示。对于传输方式特征代号为总线制或总线无线混合制的火灾报警控制器，传输方式特征参数表示其总线数。对于传输方式特征代号为多线制、无线制、多线无线混合制的火灾报警控制器，其传输方式特征参数可省略。

6）联动功能特征代号表示法

L（联）——火灾报警控制器（联动型）。

对于不具有联动功能的火灾报警控制器，其联动功能特征代号可省略。

（3）厂家及产品代号表示法

厂家及产品代号为四到六位，前两位或三位用厂家名称中具有代表性的汉语拼音字母或英文字母表示厂家代号，其后用阿拉伯数字表示产品系列号。

（4）分型产品型号

火灾报警控制器分型产品的型号用英文字母或罗马数字表示，加在产品型号尾部以示区别。

火灾报警控制器产品型号编制示例：

JB-QTD-XXYYY 表示××厂区域台式多线制火灾报警控制器，产品系列号为 YYY。

JBC-QBZ2L-XXYYYY 表示××厂船用区域壁挂式两总线制火灾报警控制器（联动型），产品系列号为 YYYY。

JBB-QBW-XXYY 表示××厂防爆区域壁挂式无线制火灾报警控制器，产品系列号为 YY。

2.3.2　火灾报警控制器的组成及工作原理

火灾报警控制器主要由主控单元、回路控制单元、显示操作单元、报警控制输出单元、直接联动控制单元、通信控制单元和电源控制单元组成。其工作原理是：主控单元在系统程序的控制下，向回路控制单元发出回路挂接的报警触发器件/模块等现场设备的巡检/动作执行指令，回路控制单元对来

02.03.002
火灾报警控制器
的组成及工作原理

自主控单元的任务指令进行解释和调制，并通过现场回路网络发送出去；各种现场设备反馈的信息通过回路控制单元的解调转化和预处理，按照接口规约反馈到主控单元；主控单元应用其特定软件对反馈信息进行分析和判别，识别报警触发器件/模块和回路网络的各种状态，确认异常（故障、报警）或动作事件后，生成报警/动作信息指示、异常/动作事件记录、报警控制动作输出、联动控制逻辑激活扫描和事件通信处理等任务，并将各任务提交给相应的功能单元，如将指示任务交与显示操作单元，将远程报警控制信号交与报警控制输出单元，将通信任务交与通信控制单元等负责执行。当人员对控制器实施操作时，

可通过显示控制单元，输入操作指令，控制器的指示操作单元对输入的指令进行编译和回显，并将确认有效的指令信息，提交给主控单元，主控单元解释执行指令，并发起相关的任务操作，完成人员对系统的信息查询服务和干预操作的执行。由于火灾报警控制器实现方式形式极其多样，控制器系统设计实现的方式极为灵活，很难用统一的模式描述某一具体功能单元的构成和对其承担的任务进行明确分解界定，所以在此只能在功能层面进行各功能单元的分类描述，每一单元均为硬件和软件的复合体。各项功能任务的完整执行可能由上述分类中的一个功能单元完成，也可能由两个单元（最可能是主控单元）共同参与完成。

2.3.3 火灾报警控制器功能

1. 区域报警控制器的功能

区域报警控制器是负责对一个报警区域进行火灾检测的自动工作装置。区域火灾报警控制器的电路原理如图 2-44 所示。

它由输入回路、光报警单元、声报警单元、自动监控单元、手动检查试验单元、输出回路和稳压电源、备用电源等电路组成。输入回路接收各火灾探测器送来的火灾报警信号或故障报警信号，由声光报警单元发出火灾报警声、光信号及显示火灾发生部位，并通过输出回路控制有关消防设备，当与集中报警器配合使用时，向集中报警控制器传送报警信号。自动监控单元起着监控各类故障的作用。利用手

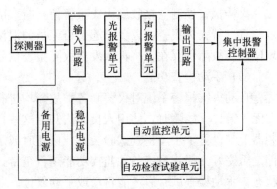

图 2-44　区域火灾报警控制器的电路原理方框图

动检查试验单元，可以检查整个火灾报警系统是否处于正常工作状态。备有直流备用电源，能在交流电源断电后确保报警器正常工作 24h 以上。

区域火灾报警控制器的主要功能有：

（1）供电功能

供给火灾探测器稳定的工作电压，一般为 DC24V，以保证火灾探测器能稳定可靠地工作。

（2）火警记忆功能

接收到火灾探测器发出的火灾报警信号后，除迅速准确地进行转换处理，以声、光形式报警，指示火灾发生的具体部位外，还要满足下列要求：立即予以记忆或打印，以防止随信号来源消失（如火灾探测器自行复原、探测器或探测器传输线被烧毁等）而消失；在火灾探测器的供电电源线被烧坏短路时，也不应丢失已有的火灾信息，并能继续接收其他回路中的手动按钮或机械式火灾探测器送来的火灾报警信号。

（3）消声后再声响功能

在接收某一回路火灾探测器发来的火灾报警信号，发出声光报警信号后，可通过火灾报警控制器上的消声按钮人为消声；如果火灾报警控制器此时又接收到其他回路火灾探测器发来的火灾报警信号时，它仍能产生声光报警，以及时引起值班人员的注意。

（4）控制输出功能

具有一对以上的输出控制接点，供火警时切断空调通风设备的电源，关闭防火门或启动消防施救设备，以阻止火灾进一步蔓延。

（5）监视传输线断线功能

监控连接火灾探测器的传输导线，一旦发生断线情况，立即以区别于火警的声光形式发出故障报警信号，并指示故障发生的具体部位，以便及时维修。

（6）主备电源自动切换功能

火灾报警控制器使用的主电源是交流 220V 市电，其直流备用电源一般为镍镉电池或铅酸免维护电池。当市电停电或出现故障时，能自动转换到备用电源上工作。当备用直流电源电压偏低时，能及时发出电源故障报警。

（7）熔丝烧断报警

火灾报警控制器中任何一根熔丝烧断时，能及时以各种形式发出故障报警。

（8）火警优先功能

火警报警控制器接收到火灾报警信号时，能自动切除原先可能存在的其他故障报警信号，只进行火灾报警，以免引起值班人员的混淆。当火情排除后，人工将火灾报警控制器复位，若故障仍存在，将再次发出故障报警信号。

（9）手动检查功能

自动火灾报警系统对火警和各类故障均进行自动监视。但平时该系统处于监视状态，在无火警、无故障时，使用人员无法知道这些自动监视功能是否完好，所以在火灾报警控制器上都设置了手动检查试验装置，可随时或定期检查系统各部分、各环节的电路和元器件是否完好无损，系统各种监控功能是否正常，以保证消防报警及联动系统处于正常工作状态。手动检查试验后，能自动或手动复位。

2. 集中火灾报警控制器的功能

集中火灾报警控制器是一种能接收区域火灾报警控制器（包括相当于区域火灾报警控制器的其他装置）发来的报警信号的多路火灾报警控制器。它将所监视的各个探测区域内的区域报警控制器所输入的电信号以声、光形式显示出来，不仅具有区域报警器的功能，而且能向联动控制设备发出指令。集中火灾报警控制器电路原理框图如图 2-45 所示。

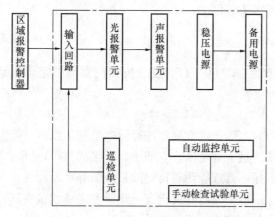

图 2-45　集中火灾报警控制器电路原理框图

它由输入单元、光报警单元、声报警单元、自动监控单元、手动检查试验单元和稳压电源、备用电源等电路组成。集中报警控制器是集中报警系统的总控设备。它接收来自区域报警器的火灾或故障报警信号，并发出总警报信号。它与区域报警控制器一样，也具有信号采样判别电路，火灾或故障显示、声响电路，电子时钟记忆电路，联动继电器动作电路等。除此之外，集中报警控制器还有两个独特功能：一个是具有巡检指令发出单元；另一个是具有总检指令发出单元。

巡检指令又称为层检指令，是由集中报警控制器发出，对位于各楼层（或防火分区）的区域报警控制器进行巡回检测，提供高电平的开门信号。同一时刻只有且仅有某层的巡检线是高电平时，该层的火灾或故障信号才能传送到集中报警控制器中进行报警。总检指令是故障检查指令，是集中报警控制器对各层（各个防火分区）的区域报警控制器发出的系统功能自检指令。当巡检指令到达某层的区域报警控制器时，如果没有火灾信号，则总检信号工作（全部总检组线依此工作），对应的被检查的层号和房号（或称部位号）灯点亮。如果灯不亮，则表示相应地址的探测线路和器件有故障。

集中火灾报警控制器能根据消防报警及联动系统的需求增设的辅助功能主要有以下几种：

（1）计时

用以记录火灾探测器发来的第一个火灾报警信号的时间，即火灾的发生时间，为公安消防部门调查起火原因提供准确的时间数据，一般采用数字电子钟产生时间信号，此电子钟平时可作为时钟使用。

（2）打印

一般采用微型打印机将火灾或故障发生的时间、部位、性质及时做好文字记录，以便查阅。

（3）电话

当火灾报警控制器接收火警信号后，能自动接通专用电话线路，以便及时通信联络，核查火警真伪，并及时向主管部门或公安消防部门报告，尽快组织灭火力量，采取各种有效措施，减少各种损失。

（4）事故广播

3. 火灾报警控制器的联动控制功能

火灾报警联动控制器能够同时启动自动灭火系统的控制装置，室内消火栓系统的控制装置，防烟排烟系统及空调通风系统的控制装置，常开防火门，防火卷帘的控制装置，电梯回降控制装置，以及火灾应急广播、火灾警报装置、消防通信设备、火灾应急照明与疏散指示标志的控制装置等控制装置中的部分或全部联动。

小　　结

本项目主要介绍了火灾探测器的分类及型号表示、各类火灾探测器的构造、原理、特点及使用场所、火灾探测器的接线；火灾报警系统常用附件，包括手动报警按钮、消火栓报警按钮、现场模块、声光报警装置、总线中继器、短路隔离器、火灾显示盘、微机显示系统、消防设备应急电源的功能、使用方法、在系统中的连接；火灾报警控制器的分类、火灾报警控制器的组成及工作原理、火灾报警控制器功能等内容。

复习思考题

1. 火灾探测器有哪些类型？
2. 感烟火灾探测器按其探测原理可分为哪几类？
3. 感温火灾探测器按其探测原理可分为哪几类？

4. 什么是线性火灾探测器？有哪些？

5. 离子感烟火灾探测器的工作原理？

6. 催化型可燃气体探测器工作原理？

7. 手动报警按钮作用是什么？

8. 什么是信号模块（输入模块）？

9. 单输入/输出模块的功能？常使用场所？

10. 声光警报器的作用？安装场所？

11. 火灾报警控制器有哪些类型？集中报警控制器有哪些功能？

02.00.002 ①

云题

项目 3 消防联动控制系统

03.00.001 ⑥
MOOC教学视频

【能力目标】

了解消防灭火系统的类型、灭火原理及特点；熟悉灭火系统的设置要求、主要组成设备及工作过程。了解火灾时防灾减灾系统的类型及原理；熟悉防灾减灾系统的设置要求、主要组成设备及工作过程；掌握消防联动控制的方式及联动控制设计方法。

3.1 消 防 灭 火 系 统

3.1.1 灭火的基本原理与方法

为防止火势失去控制、继续扩大燃烧而造成灾害，需要采取一定的方式将火扑灭，通常有以下几种方法，这些方法的根本原理是破坏燃烧条件。

1. 冷却（水灭火）

可燃物一旦达到着火点，即会燃烧或持续燃烧。将可燃物的温度降到一定温度以下，燃烧即会停止。对于可燃固体，将其冷却在燃点以下；对于可燃液体，将其冷却在闪点以下，燃烧反应就会中止。用水扑灭一般固体物质的火灾，主要是通过冷却作用来实现的，水具有较大的热容量和很高的汽化潜热，冷却性能很好。在用水灭火的过程中，水大量地吸收热量，使燃烧物的温度迅速降低，致使火焰熄灭、火势得到控制、火灾终止。水喷雾灭火系统的水雾，其水滴直径细小，比表面积大，和空气接触范围大，极易吸收热气流的热量，也能很快地降低温度，效果更为明显。

2. 隔离（泡沫灭火）

在燃烧三要素中，可燃物是燃烧的主要因素。将可燃物与氧气、火焰隔离，就可以中止燃烧、扑灭火灾。如自动喷水泡沫联用系统在喷水的同时喷出泡沫，泡沫覆盖于燃烧液体或固体的表面，在冷却作用的同时，将可燃物与空气隔开，从而可以灭火。再如，可燃液体或可燃气体火灾，在灭火时迅速关闭输送可燃液体和可燃气体的管道上的阀门，切断流向着火区的可燃液体和可燃气体的输送，同时也打开可燃液体或可燃气体的管道通向安全区域的阀门，使已经燃烧或即将燃烧或受到火势威胁的容器中的可燃液体、可燃气体转移。

3. 窒息（气体灭火）

可燃物的燃烧是氧化作用，需要在最低氧浓度以上才能进行，低于最低氧浓度，燃烧不能进行，火灾即被扑灭。一般氧浓度低于15%时就不能维持燃烧。在着火场所内，可以通过灌注不燃气体，如二氧化碳、氮气、蒸汽等，来降低空间的氧浓度，从而达到窒息灭火。此外，水喷雾灭火系统实施动作时，喷出的水滴吸收热气流热量而转化成蒸汽，当空气中水蒸气浓度达到35%时，燃烧即停止，这也是窒息灭火的应用。

4. 化学抑制（干粉灭火）

由于有焰燃烧是通过链式反应进行的，如果能有效地抑制自由基的产生或降低火焰中的自由基浓度，即可使燃烧中止。化学抑制灭火的灭火剂常见的有干粉和卤代烷（已淘汰）。化学抑制法灭火，灭火速度快，使用得当可有效地扑灭初期火灾，减少人员和财产的损失。但抑制法灭火对于有焰燃烧火灾效果好，对深度火灾，由于渗透性较差，灭火效果不理想。在条件许可的情况下，采用抑制法灭火的灭火剂与水、泡沫等灭火剂联用，会取得满意效果。

3.1.2 室内消火栓灭火系统

（一）应设置室内消火栓灭火系统的建筑

根据《建筑设计防火规范》GB 50016—2014 规定，下列建筑或场所应设置室内消火栓灭火系统。

消火栓灭火系统
的工作原理

（1）建筑占地面积大于 300m² 的厂房和仓库。

（2）高层公共建筑和建筑高度大于 21m 的住宅建筑；（建筑高度不大于 27m 的住宅建筑，设置室内消火栓系统确有困难时，可只设置干式消防竖管和不带消火栓箱的 $DN65$ 的室内消火栓）。

（3）体积大于 5000m³ 的车站、码头、机场的候车（船、机）建筑、展览建筑、商店建筑、旅馆建筑、医疗建筑和图书馆建筑等单、多层建筑。

（4）特等、甲等剧场，超过 800 个座位的其他等级的剧场和电影院等以及超过 1200 个座位的礼堂、体育馆等单、多层建筑。

（5）建筑高度大于 15m 或体积大于 10000m³ 的办公建筑、教学建筑和其他单、多层民用建筑。

（6）下列建筑或场所，可不设置室内消火栓系统，但宜设置消防软管卷盘或轻便消防龙头：

耐火等级为一、二级且可燃物较少的单层、多层丁、戊类厂房（仓库），耐火等级为三、四级且建筑体积不大于 3000m³ 的丁类厂房，耐火等级为三、四级且建筑体积小于等于 5000m³ 的戊类厂房（仓库），粮食仓库、金库、远离城镇且无人值班的独立建筑，存有与水接触能引起燃烧爆炸的物品的建筑，室内无生产、生活给水管道，室外消防用水取自储水池且建筑体积不大于 5000m³ 的其他建筑。

（7）国家级文物保护单位的重点砖木或木结构的古建筑，宜设置室内消火栓。

（8）人员密集的公共建筑，建筑高度大于 100m 的建筑和建筑面积大于 200m² 的商业服务网点内应设置消防软管卷盘或轻便消防水龙。高层建筑户内宜配置轻便消防水龙。

（二）室内消火栓灭火系统的组成

消火栓灭火是最常用的灭火方式。室内消火栓给水方式一般有城市给水管网直接给水和设消防水泵、水箱的给水方式。当城市给水管网的水量、水压满足室内消防给水水量和水压时可采用直接给水方式，此种情况不需要火灾自动报警的联动控制。当城市给水管网的水压不能满足室内消防给水水压时应采用设消防水泵、水箱的给水方式，火灾自动报警与消防联动控制只对应该种情况。

设有消防水泵、水箱的消防给水方式由蓄水池、高位水箱、加压送水装置（水泵）及室内消火栓等主要设备构成，如图 3-1 所示。这些设备的电气控制包括水池的水位控制和加压水泵的启动。

串联消防给水泵分区给水系统如图 3-2（a）所示，消防给水管网竖向各区由消防水泵串联分级向上供水，消防水泵先下后上顺序启动。

并联消防给水泵分区给水系统如图 3-2（b）所示，消防给水管网竖向分区，每区分别由各自消防水泵供水，并集中设置在消防水泵房内。

（三）室内消火栓水泵的电气控制

室内消火栓灭火系统由消火栓、消防水泵、管网、压力传感器及电气控制电路组成，其系统框图如图 3-3 所示。从图中可见消火栓灭火系统属于闭环控制系统。当发生火灾时，出水干管上设置的低压压力开关、高位消防水箱出水管上的流量开关，或报警阀压力开关等信号直接自动启动消防水泵。设有火灾自动报警系统时，也可在建筑消防控制中心或值班室的控制柜或控制盘直接启泵。

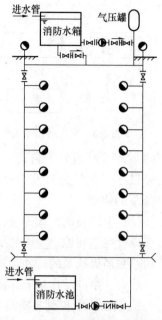

图 3-1 设有消防水泵和水箱的室内消火栓给水系统图

1. 消火栓用消防水泵启动控制方式

根据《火灾自动报警系统设计规范》GB 50116－2013

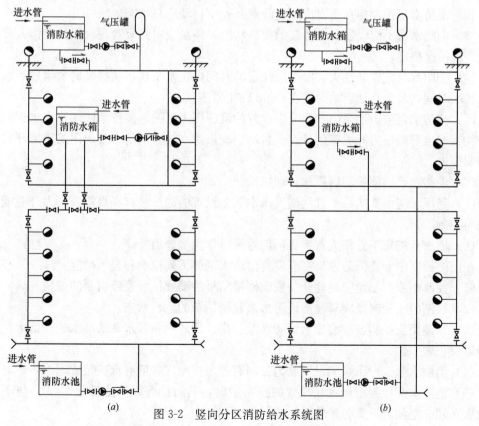

(a)　　　　　　　　　　　　(b)

图 3-2 竖向分区消防给水系统图

（a）串联消防给水泵分区给水；（b）并联消防给水泵分区给水

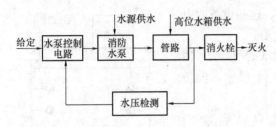

图 3-3　室内消火栓灭火系统流程图

相关规定，消火栓系统的消防水泵控制有联动控制和手动控制两种方式。

（1）联动控制方式　由消火栓系统出水干管上设置的低压压力开关、高位消防水箱出水管上设置的流量开关或报警阀压力开关等信号作为触发信号，直接控制启动消火栓泵，联动控制不应受消防联动控制器处于自动或手动状态影响。当设置消火栓按钮时，消火栓按钮的动作信号只作为报警信号及启动消火栓泵的联动触发信号，由消防联动控制器联动控制消火栓泵的启动。

（2）手动控制方式　应将消火栓泵控制箱（柜）的启动、停止按钮用专用线路直接连接至设置在消防控制室内的消防联动控制器的手动控制盘。在消防控制室用手动按钮直接手动控制消火栓泵的启动、停止。

消火栓泵的动作信号应反馈至消防联动控制器。

2. 消防水泵控制与操作

根据《消防给水及消火栓系统技术规范》GB 50974—2014，对于消防水泵的控制应满足如下要求：

（1）消防水泵控制柜应设置在消防水泵房或专用消防水泵控制室内。

（2）消防水泵控制柜在平时应使消防水泵处于自动启泵状态。

（3）消防水泵不应设置自动停泵的控制功能，停泵应由具有管理权限的工作人员根据火灾扑救情况确定。

（4）消防水泵应保证在火灾发生后规定的时间内正常工作，从接到启泵信号到水泵正常运转的时间，若为自动启动时应在 2min 内正常工作。

（5）消防水泵应由水泵出水干管上设置的低压压力开关、高位消防水箱出水管上的流量开关，或报警阀压力开关等信号直接自动启动消防水泵。消防水泵房内的压力开关宜引入控制柜内。

（6）消防水泵应能手动启停和自动启动。

（7）稳压泵应由消防给水管网或气压水罐上设置的稳压泵自动启停泵压力开关或压力变送器控制。

（8）消火栓按钮不宜作为直接启动信号，可作为报警信号。

在消防控制中心或消防值班室应设置消防水泵的下列控制和显示功能：

（1）控制柜或控制盘应设置开关量或模拟信号手动硬拉线直接启泵的按钮。

（2）控制柜或控制盘应有显示消防水泵和稳压泵的运行状态。

（3）控制柜或控制盘应能显示消防水池、高位消防水箱等水源的高水位、低水位报警信号以及正常水位。

（4）消防水泵、稳压泵应设置就地强制启停泵按钮，并应有保护装置。

（5）消防水泵控制柜设置在独立的控制室时，其防护等级不应低于 IP30；与消防水泵设置在同一空间时，其防护等级不应低于 IP55。

（6）消防水泵控制柜应采取防止被水淹没的措施。在高温潮湿环境下，消防水泵控制柜内应设置自动防潮除湿的装置。

（7）当消防给水分区供水采用转输消防水泵时，转输泵宜在消防水泵启动后再启动；当消防给水分区供水采用串联消防水泵时，上区消防水泵宜在下区消防水泵启动后再启动。

（8）消防水泵控制柜应设置手动机械启泵功能，并应保证在控制柜内的控制线路发生故障时由有管理权限的人员在紧急时启动消防水泵。手动时应在报警 5min 内正常工作。

（9）消防水泵控制柜的前面板的明显部位应设置紧急时打开柜门的钥匙装置，并应由有管理权限的人员在紧急时使用。

（10）消防时消防水泵应工频运行，消防水泵应工频直接启泵，当功率较大时宜采用星三角和自耦降压变压器启动，不宜采用有源器件启动。消防水泵准工作状态自动巡检时应采用变频运行，定期人工巡检时应工频满负荷运行并出流。

（11）当工频启动消防水泵时，从接通电路到水泵达到额定转速的时间不宜大于表3-1的规定值。

工频泵启动时间 表 3-1

配用电机功率 N（kW）	$N \leqslant 132$	$N > 132$
消防水泵直接启动时间 T（s）	$T < 30$	$T < 55$

电动驱动消防水泵自动巡检时，巡检功能应符合下列规定：

（1）巡检周期不宜大于 7d，且应能按需要任意设定。

（2）以低频交流电源逐台驱动消防水泵，使每台消防水泵低速转动的时间不应少于 2min。

（3）对消防水泵控制柜一次回路中的主要低压器件宜有巡检功能，并应检查器件的动作状态。

（4）当有消防信号时应立即退出巡检，进入消防运行状态。

（5）发现故障时应有声、光报警，并应有记录和储存功能。

（6）自动巡检时应设置电源自动切换功能的检查。

消防水泵双电源切换时应符合下列规定：

（1）双路电源可手动及自动切换时，自动切换时间不应大于 2s。

（2）当一路电源与内燃机动力切换时，切换时间不应大于 15s。

（3）消防水泵控制柜应有显示消防水泵工作状态和故障状态的输出端子及远程控制消防水泵启动的输入端子。控制柜应具有人机对话功能，且对话界面应为汉语，图标应便于识别和操作。

消火栓水泵
电路控制

3. 室内消火栓水泵联动控制要求

消防控制中心对室内消火栓系统的控制、显示功能主要包括：控制消防泵的起停，显示起泵按钮的位置、显示消防水池的水位状态、显示消防水泵的电源状态、显示消防泵的工作状态、故障状态。

3.1.3 自动喷水灭火系统

（一）自动喷水灭火系统的基本功能及分类

1. 基本功能：自动喷水灭火系统能在火灾发生后，自动地进行喷水灭火且同时发出火灾警报。

2. 自动喷水灭火系统的分类

自动喷水灭火系统根据其喷头形式不同可以分为闭式自动喷水灭火系统和开式自动喷水灭火系统两大类。

（1）闭式自动喷水灭火系统　闭式自动喷水灭火系统采用的是闭式喷头。按其工作过程不同又可分为以下五个系统：

1）湿式系统　平时整个管道内充满压力水的闭式系统。

2）干式系统　平时在报警阀后的管道内不充水，充满有压气体的闭式系统。

3）预作用系统　平时配水管道内不充水，由火灾自动报警系统自动开启预作用阀后，转换为湿式系统的闭式系统。

4）重复启闭预作用系统　能在扑灭火灾后自动停止喷水、复燃时再次自动喷水灭火的预作用系统。

5）自动喷水-泡沫联用系统　系统中配置泡沫混合液的设备，组成喷水—喷泡沫的联用灭火系统。

（2）开式自动喷水灭火系统　开式自动喷水灭火系统采用的是开式喷头。根据其用途不同又可分为以下三个系统：

1）雨淋系统　由火灾自动报警系统或传动管控制，自动开启雨淋阀和启动加压水泵后，向开式洒水喷头供水的自动喷水灭火系统。

2）水幕系统　由开式洒水喷头或水幕喷头、雨淋阀组或感温雨淋阀以及水流报警装置等组成，用于挡烟防火（水墙或水帘）以及冷却防火防烟分隔物（如防火卷帘）的喷水系统。

（二）自动喷水灭火系统的设置条件

1. 依据《建筑设计防火规范》GB 50016—2014 规定，除不宜用水保护或灭火的场所以及规范另有规定者外，下列厂房或生产部位应设置自动灭火系统：

（1）大于等于50000纱锭的棉纺厂的开包、清花车间；

（2）不小于5000纱锭的麻纺厂的分级、梳麻车间；

（3）火柴厂的烤梗、筛选部位；

（4）泡沫塑料厂的预发、成型、切片、压花部位；

（5）占地面积大于1500m²的木器厂房；

（6）占地面积大于1500m²或总建筑面积大于3000m²的单层、多层制鞋、制衣、玩具及电子等类似生产的厂房；

（7）高层乙、丙、丁类厂房；

（8）建筑面积大于500m²的地下或半地下丙类厂房。

2. 除不宜用水保护或灭火的仓库以及规范另有规定者外，下列仓库应设置自动灭火系统：

（1）每座占地面积大于1000m²的棉、毛、丝、麻、化纤、毛皮及其制品的仓库；

（2）每座占地面积大于600m²的火柴仓库；

（3）邮政建筑内建筑面积大于500m²的空邮袋库；

（4）建筑面积大于 $500m^2$ 的可燃物品地下仓库；

（5）可燃、难燃物品的高架仓库和高层仓库；

（6）设计温度高于 0℃ 的高架冷库，设计温度高于 0℃ 且每个防火分区建筑面积大于 $1500m^2$ 的非高架冷库；

（7）每座占地面积大于 $1500m^2$ 或总建筑面积大于 $3000m^2$ 的其他单层或多层丙类物品仓库。

3. 除不宜用水保护或灭火的场所以及规范另有规定者外，下列单层或多层民用建筑应设置自动灭火系统：

（1）特等、甲等剧院，超过 1500 个座位的其他等级的剧院，超过 2000 个座位的会堂或礼堂，超过 3000 个座位的体育馆，超过 5000 人的体育场的室内人员休息室与器材间等；

（2）任一层建筑面积大于 $1500m^2$ 或总建筑面积大于 $3000m^2$ 的展览、商店、餐饮和旅馆建筑以及医院中同样建筑规模的病房楼、门诊楼、手术部；

（3）建筑面积大于 $500m^2$ 的地下商店；

（4）设置有送回风道（管）的集中空气调节系统且总建筑面积大于 $3000m^2$ 的办公建筑等；

（5）设置在地下、半地下或地上四层及以上楼层或设置在建筑的首层、二层和三层且任一层建筑面积大于 $300m^2$ 的地上歌舞娱乐放映游艺场所（游泳场所除外）；

（6）藏书量超过 50 万册的图书馆。

4. 除不宜用水保护或灭火的场所以及规范另有规定者外，下列高层民用建筑或场所应设置自动喷水灭火系统：

（1）一类高层公共建筑（除游泳池、溜冰场）及其地下、半地下室；

（2）二类高层公共建筑及其地下、半地下室的公共活动用房、走道、办公室和旅馆的客房、自动扶梯底部、可燃物品库房；

（3）高层民用建筑内歌舞娱乐放映游艺场所；

（4）建筑高度大于 100m 的住宅建筑。

5. 下列部位宜设置水幕系统：

（1）特等、甲等剧场、超过 1500 个座位的其他等级的剧场、超过 2000 个座位的会堂或礼堂和高层民用建筑内超过 800 个座位的剧场或礼堂的舞台口及上述场所内与舞台相连的侧台、后台的洞口；

（2）应设防火墙等防火分隔物而无法设置的局部开口部位；

（3）需要冷却保护的防火卷帘或防火幕的上部。

6. 下列建筑或部位应设置雨淋自动喷水灭火系统：

（1）火柴厂的氯酸钾压碾厂房；建筑面积大于 $100m^2$ 生产、使用硝化棉、喷漆棉、火胶棉、赛璐珞胶片、硝化纤维的厂房；

（2）建筑面积超过 $60m^2$ 或储存量超过 2t 的硝化棉、喷漆棉、火胶棉、赛璐珞胶片、硝化纤维的仓库；

（3）日装瓶数量超过 3000 瓶的液化石油气储配站的灌瓶间、实瓶库；

（4）特等、甲等剧场、超过 1500 个座位的其他等级剧院和超过 2000 个座位的会堂或

礼堂的舞台的葡萄架下部;

(5) 建筑面积不小于 $400m^2$ 的演播室,建筑面积不小于 $500m^2$ 的电影摄影棚;

(6) 乒乓球厂的轧坯、切片、磨球、分球检验部位。

除以上所列建筑需要采用自动灭火系统外,其他需要设置自动灭火系统的建筑详见相关现行规范。

(三)湿式自动喷水灭火系统

1. 系统的组成

湿式自动喷水灭火系统是由喷头、湿式报警阀、延迟器、水力警铃、压力开关(安于管上)、水流指示器、管道系统、供水设施、报警装置及控制盘等组成,湿式报警阀前后都充满压力水,如图 3-4 所示。主要部件见表3-2,其工作程序图如图 3-5所示。

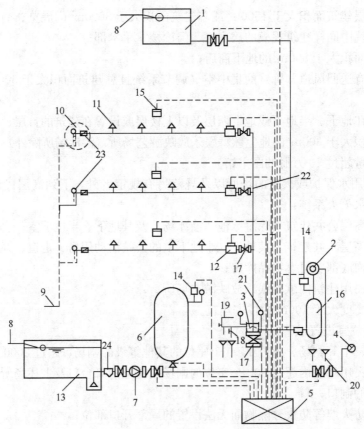

图 3-4　湿式自动喷水灭火系统示意图

主要部件表　　　　　　　　　　　　　表 3-2

编号	名　称	用　途	编号	名　称	用　途
1	高位水箱	储存初期火灾用水	5	控制箱	接收电信号并发出指令
2	水力警铃	发出音响报警信号	6	压力罐	自动启闭消防水泵
3	湿式报警阀	系统控制阀,输出报警水流	7	消防水泵	专用消防增压泵
4	消防水泵接合器	消防车供水口	8	进水管	水源管

编号	名　称	用　途	编号	名　称	用　途
9	排水管	末端试水装置排水	17	信号阀	显示阀门启闭状态
10	末端试水装置	实验系统功能	18	放水阀	试警铃阀
11	闭式喷头	感知火灾，出水灭火	19	放水阀	检修系统时，放空用
12	水流指示器	输出电信号，指示火灾区域	20	排水漏斗	排水系统的出水
13	水池	储存 1h 火灾用水	21	压力表	指示系统压力
14	压力开关	自动报警或自动控制	22	节流孔板	减压
15	感烟探测器	感知火灾，自动报警	23	水表	计量末端实验装置出水量
16	延迟器	克服水压液动引起的误报警	24	过滤器	过滤水中杂质

2. 湿式喷水系统附件

（1）水流指示器：其作用是把水的流动转换成电信号报警。其电接点既可直接启动消防水泵，也可接通电警铃报警。

一般水流指示器设置在每一层或每分区的干管或支管的始端安装一个水流指示器。为了便于检修分区管网，水流指示器前宜装设安全信号阀。

水流指示器分类：按叶片形状的不同分为板式和桨式两种；按安装基座的不同分为管式、法兰连接式和鞍座式三种。这里仅以桨式水流指示器为例进行说明。桨式水流指示器又分为电子接点方式和机械接点方式两种。桨式水流指示器的构造如图 3-6 所示，主要由桨片、法兰底座、螺栓、本体和电接点等组成。桨式水流指示器的工作原理：当发生火灾时，报警阀自动开启后，消防水的流动使桨片摆动，带动其电接点动作，通过消防控制室启动水泵供水灭火。

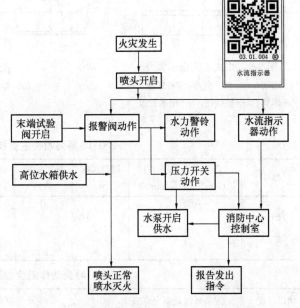

图 3-5　湿式自动喷水灭火系统工作程序图

水流指示器的接线：水流指示器在应用时应通过模块与系统总线相连，水流指示器的接线如图 3-7 所示。

（2）喷头　喷头可分为开式和闭式两种。

1）开式喷头　开式喷头为常开状态，不带感温和闭锁装置。应用于开式喷水灭火系统。发生火灾时，自动或手动开启管道上阀门，其后所有开式喷头一起喷水灭火，一般常用于雨淋和水幕系统等。

2）闭式喷头　闭式喷头可以分为易熔合金式和玻璃球式两种。应用最多的是玻璃球式喷头。玻璃球式喷头如图 3-8 所示。喷头主要技术参数如表 3-3 所示，动作温度级别如表 3-4 所示。

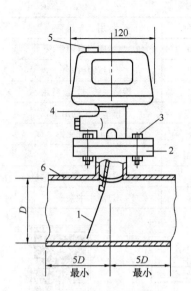

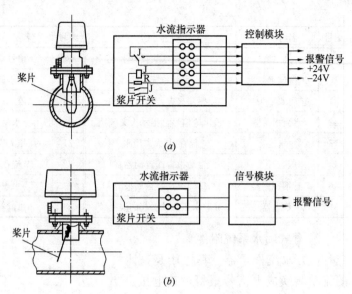

图 3-6 桨式水流指示器

1—桨片；2—法兰底座；3—螺栓；
4—本体；5—接线孔；6—给水管道

图 3-7 水流指示器的接线

（a）电子接点方式；（b）机械接点方式

ZST-15 系列喷头主要技术参数　　　　　　　　　　　　　表 3-3

型号	直径 (mm)	通水口径 (mm)	接口螺纹 (in)	温度级别 (℃)	炸裂温度范围	玻璃球色标	最高环境温度 (℃)	流量系数 K (%)
ZST-15 系列	15	11	1/2	57 68 79 93	+15%	橙 红 黄 绿	38 49 60 74	80

喷头动作温度级别　　　　　　　　　　　　　表 3-4

动作温度 (℃)	安装环境最高允许温度 (℃)	颜色	动作温度 (℃)	安装环境最高允许温度 (℃)	颜色
57	38	橙	141	121	蓝
68	49	红	182	160	紫
79	60	黄	227	204	黑
93	74	绿	260	238	黑

　　在正常情况下，喷头处于封闭状态。火灾时，开启喷水是由感温部件（充液玻璃球）控制的，当装有热敏液体的玻璃球达到动作温度（57、68、79、93、141、182、227、260℃）时，球内液体受热膨胀使玻璃球炸裂，密封垫脱开，喷出压力水通过溅水盘形成暴雨滴灭火。喷水后，由于压力降低，压力开关动作将水压信号变为电信号向喷淋泵控制装置发出启动信号，保证喷头有水喷出。同时，流动的消防水使水流指示器电接点动作，接通延时电路（延时 20～30s），通过继电器触点，发出声光信号给控制室，以识别火灾区域。

　　综上可知，喷头具有探测火情、启动水流指示器、扑灭早期火灾的重要作用。

　　喷头：按其结构可分为下垂型、直立型和边墙型三种，如图 3-9 所示。

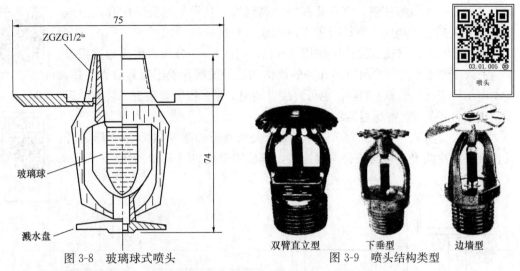

图 3-8 玻璃球式喷头　　　　图 3-9 喷头结构类型

（3）湿式报警阀组

湿式报警阀组主要有湿式报警阀、水力警铃、压力开关、延迟器等组成。一般由生产厂家组装配套出售。湿式报警阀组结构原理如图 3-10 所示。

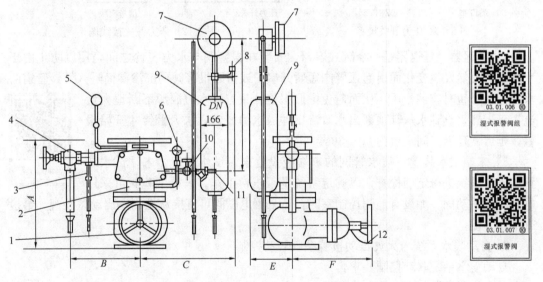

图 3-10 湿式报警阀组结构原理

1—控制阀；2—报警阀；3—试警铃阀；4—放水阀；5、6—压力表；7—水力警铃；
8—压力开关；9—延时器；10—警铃管阀门；11—滤网；12—软锁

1）湿式报警阀　湿式报警阀在湿式喷水灭火系统中是非常关键的。安装在总供水干管上，连接供水设备和配水管网。它必须十分灵敏，当管网中即使有一个喷头喷水，破坏了阀门上下的静止平衡压力，就必须立即开启，任何延迟都会耽误报警的发生。它一般采用止回阀的形式，即只允许水流向管网，不允许水流回水源。其作用：一是防止随着供水水源压力波动而启闭，虚发警报；二是管网内水质因长期不流动而腐化变质，如让它流回水源将产生污染。当系统开启时报警阀打开，接通水源。同时部分水流通过阀座上的环形槽，经信号管道送至水力警铃，发出音响报警信号。湿式报警阀有导阀型和隔板座圈型两种。

2）水力警铃　每套自动喷水灭火系统都必须配备水力警铃，与湿式报警阀配套使用。

水力警铃是一个机械装置，宜安装在报警阀附近，且尽可能安装在有人值班或经常有人通过的场所。电动报警不得代替水力警铃。

3）压力开关　当湿式报警阀阀瓣开启后，其中一部分压力水流通过报警管道进入安装于水力警铃前压力开关的阀体内，开关膜片受压后其触点动作，发出电信号至火灾报警控制器，也可直接启动消防泵。报警管路上如装有延迟器，则压力开关应装在延迟器之后。

ZSJY、ZSJY25 和 ZSJY50 三种压力开关的外形如图 3-11 所示。压力开关用在系统中需经模块与报警总线连接，其应用接线如图 3-12 所示。

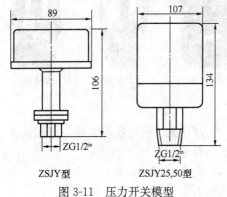

图 3-11　压力开关模型　　　　　　　图 3-12　压力开关接线图

4）延迟器　延迟器是一个罐式容器，安装在报警阀与水力警铃之间，用以防止由于水源压力突然发生变化而引起报警阀短暂开启，或对因报警阀局部渗漏而进入警铃管道的水流起一个暂时容纳作用，从而避免虚假报警。只有当水流源源不断地大量流入延迟器，直到水从其顶部出水口流出冲入水力警铃，水力警铃才开始报警。延迟器延迟时间一般为 20～30s。

5）末端试水装置　喷水管网的末端应设置末端试水装置。末端试水装置用于对系统进行定期检查，以确定系统是否正常工作。末端试验阀可采用电磁阀或手动阀。如设有消防控制室时，若采用电磁阀可直接从控制室启动试验阀，给检查带来方便。

3. 自动喷水系统与火灾自动报警系统联动控制

自动喷水系统联动控制要求：

（1）控制系统的启、停；

（2）显示消防水泵的工作、故障状态；

（3）显示水流指示器、报警阀、安全信号阀的工作状态；

（4）当采用总线编码模块控制时，还应在消防控制室设置手动直接控制装置控制喷淋水泵的启、停。自动喷水湿式灭火系统控制过程及控制接口示意图如图 3-13 所示。

（四）自动喷水灭火系统的其他形式

1. 干式自动喷水灭火系统

干式自动喷水灭火系统主要用于不宜采用湿式系统的场所。其灭火效率不如湿式系统，造价与运行成本均比湿式系统高。

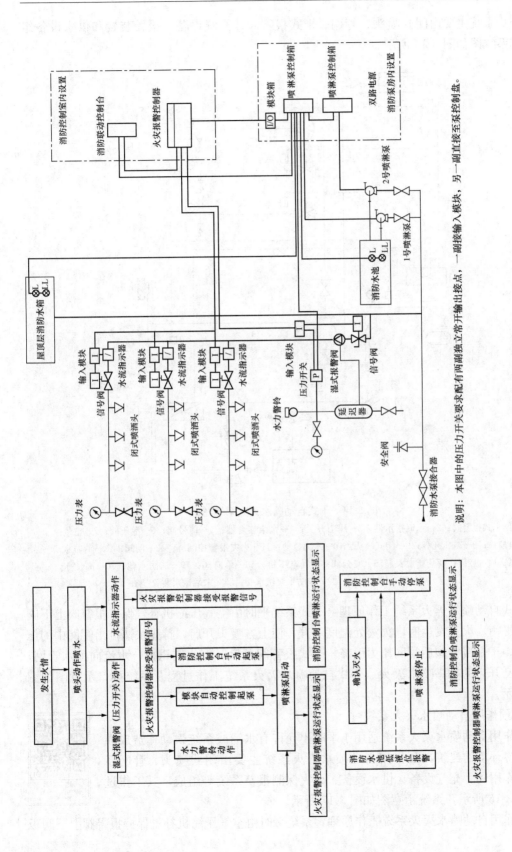

图 3-13 自动喷水湿式灭火系统控制过程及控制接口示意图

说明：本图中的压力开关要求配有两副独立常开输出接点，一副接输入模块，另一副直接至泵控制盘。

干式系统主要由闭式喷头、管网、干式报警阀、充气设备、报警装置和供水设备组成。其系统图如图 3-14 所示。

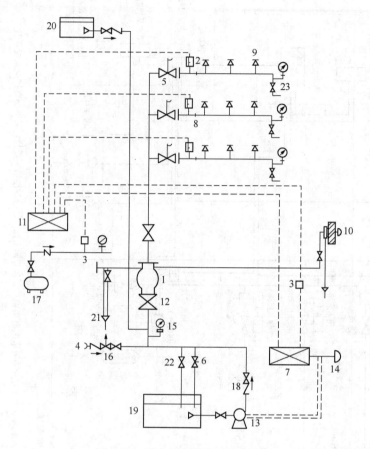

图 3-14 干式自动喷水灭火系统图

1—干式报警阀；2—水流指示器；3—压力开关；4—水泵接合器；5—信号阀；6—泄压阀；7—电气自控箱；8—减压孔板；9—闭式喷头；10—水力警铃；11—火灾报警控制屏；12—闸阀；13—消防水泵；14—按钮；15—压力表；16—安全阀；17—空压机；18—单向阀；19—消防水池；20—高位水箱；21—排水漏斗；22—消防水泵试水阀；23—末端试水装置

干式自动喷水灭火系统工作原理：干式系统平时由空气压缩机补气保持报警阀上下阀板压力平衡。火灾发生时，火灾处温度上升，使上方喷头开启，首先快速排出管网中的压缩空气，于是报警阀后管网压力下降，干式报警阀开启，停止空压机，水流向配水管网，并通过已开启的喷头喷水灭火。干式自动喷水灭火系统工作过程及系统接口示意图如图 3-15 所示。

2. 预作用自动喷水灭火系统

预作用自动喷水灭火系统适用于平时不允许有水渍或系统误动作造成损失及寒冷环境的建筑，预作用自动喷水灭火系统主要由闭式喷头、管网系统、预作用阀、充气设备、供水设备、火灾探测报警系统等组成，其工作过程如图 3-16 所示，系统示意图如图 3-17 所示。

03.01.012
预作用自动
喷水灭火系统
工作原理

预作用自动喷水灭火系统工作原理：系统平时由空气压缩机补气保持报警阀上下阀板

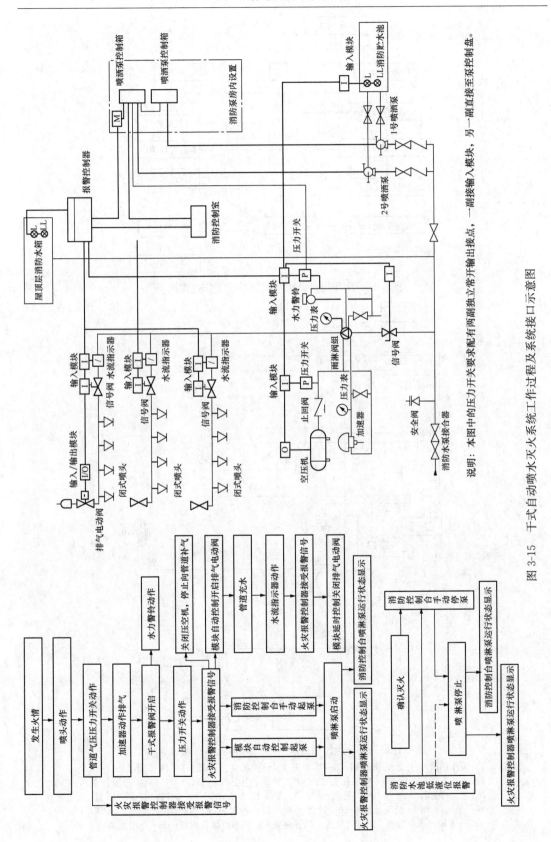

图 3-15 干式自动喷水灭火系统工作过程及系统接口示意图

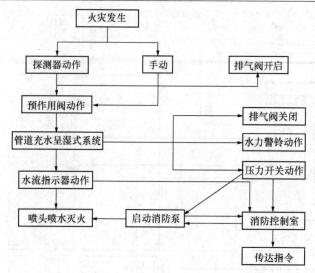

图 3-16　预作用自动喷水灭火系统工作过程图

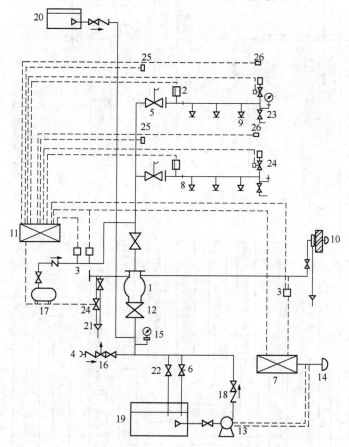

图 3-17　预作用自动喷水灭火系统示意图

1—预作用阀；2—水流指示器；3—压力开关；4—水泵接合器；5—信号阀；6—泄压阀；7—电气自控箱；8—减压孔板；9—闭式喷头；10—水力警铃；11—火灾报警控制屏；12—闸阀；13—消防水泵；14—按钮；15—压力表；16—安全阀；17—空压机；18—单向阀；19—消防水池；20—高位水箱；21—排水漏斗；22—消防水泵试水阀；23—末端试水装置和自动排气装置；24—电磁阀；25—感烟探测器；26—感温探测器

压力平衡。火灾时，由火灾探测器探测出火灾信号后传至消防中心联动控制开启排气阀和预作用阀，排除管道内压力空气同时使管道充水成为湿式系统。其后的灭火过程和湿式系统一样。

3. 自动喷水-泡沫联用系统

自动喷水灭火系统用于扑灭可燃液体的油类物质火灾时，灭火效果差，其主要原因是油可以浮在水面上继续燃烧，而泡沫在扑灭油类物质火灾方面，具有独特的优势，因此，人们设计了自动喷水-泡沫联用系统，我国目前已形成湿式-泡沫联用系统成套产品，并将自动喷水－泡沫联用系统列入国家规范。

（1）系统组成

在闭式自动喷水灭火系统中配置泡沫液储存、供给、比例混合和产生泡沫的设备，便可组成自动喷水-泡沫联用系统，系统在启动后一定时限内，能够由喷水转换为喷泡沫。

（2）系统工作原理

系统保护区内发生火灾时，火源上方闭式喷头开启喷水，湿式报警阀打开，水力警铃报警，压力开关动作，启动喷淋泵，压力水进入泡沫罐挤压泡沫胶囊，被挤压出的泡沫液经泡沫控制阀进入比例混合器，按比例（3％或6％）与压力水混合进入管网，泡沫液从喷头喷出灭火。

（3）系统适用范围

1）系统可以用于使用易燃液体的场所，如停车库、修车库、柴油发电机房、燃油锅炉房等；

2）炼油厂、油罐区、加油站、油变压器室等；

3）A类火灾，特别是固体可燃物的阴燃火灾非常有效。

自动喷水-泡沫联用系统的工作过程及系统接口控制如图3-18所示。

4. 自动雨淋灭火系统

自动雨淋灭火系统为开式自动喷水灭火系统的一种，系统使用的喷头为开式喷头，发生火灾时，系统保护区域上的所有喷头一起喷水灭火。自动雨淋灭火系统按控制启动方式不同可分为电动控制启动雨淋灭火系统和传动管传动控制启动的雨淋灭火系统，两种系统的组成、工作过程及系统接口示意图如图3-19、图3-20所示。

5. 水幕系统

水幕系统不直接用来扑灭火灾，而是用作防火分区处的防火隔断或进行局部降温保护，一般多与防火幕或防火卷帘配合使用。在某些需要火灾时隔断但又不能做防火墙、防火幕或防火卷帘的空间，也可以用水幕系统来做防火分隔（如演艺大厅或剧院舞台口等）。

水幕系统的开启控制有自动和手动两种方式，采用自动控制时应同时设有手动控制装置。图3-21为水幕系统组成示意图。

水幕系统的作用方式、工作原理和启动方式与雨淋系统相同，以电动启动方式为例，当火灾发生时，火灾报警探测器或人发现火灾，由火灾报警控制器联动或手动开启控制阀，然后系统通过水幕喷头喷水，进行阻火、隔火或冷却防火隔断物。

水幕系统的控制，应符合下列规定：

联动控制方式 当自动控制的水幕系统用于防火卷帘的保护时。应由防火卷帘下落到楼板面的动作信号与本报警区域内任一火灾探测器或手动火灾报警按钮的报警信号作为水

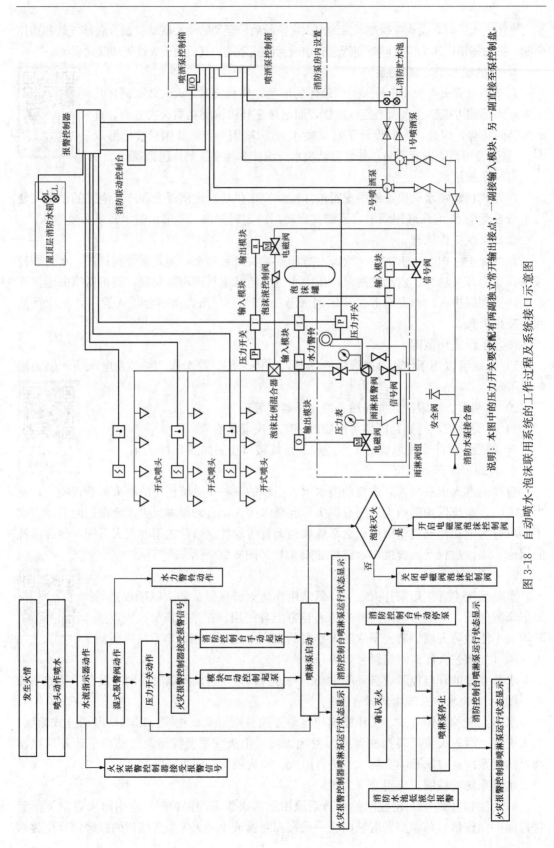

图 3-18 自动喷水-泡沫联用系统的工作过程及系统接口示意图

72

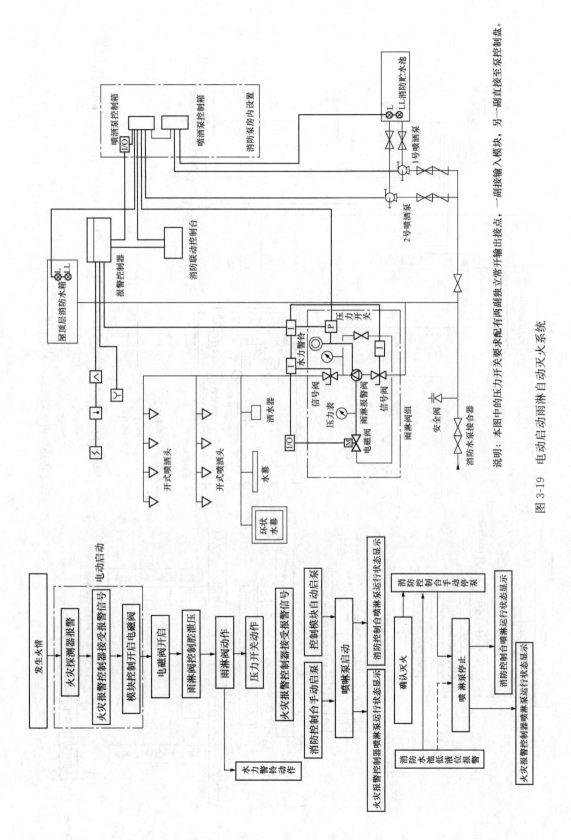

说明：本图中的压力开关要求配有两副独立常开输出接点，一副接输入模块，另一副直接至泵控制盘。

图 3-19 电动启动雨淋自动灭火系统

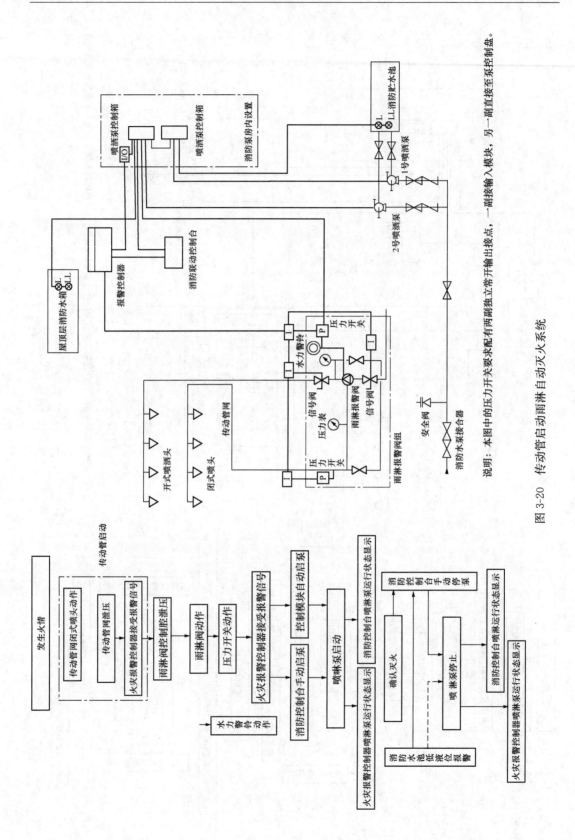

图 3-20 传动管启动雨淋自动灭火系统

说明：本图中的压力开关要求配有两副独立常开输出接点，一副接输入模块，另一副直接至泵控制盘。

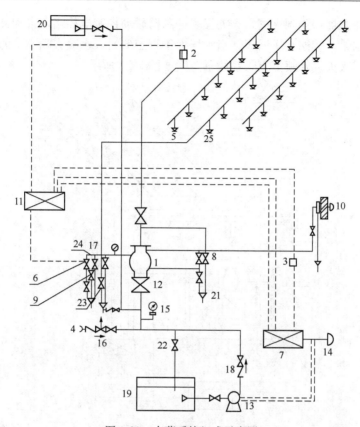

图 3-21　水幕系统组成示意图

1—雨淋阀；2—水流指示器；3—压力开关；4—水泵接合器；5—水幕喷头；
6—电磁阀；7—电气自控箱；8—系统试水阀；9—手动快开阀门；10—水力
警铃；11—火灾报警控制器；12—闸阀；13—消防水泵；14—控制按钮；
15—压力表；16—安全阀；17—传动管注水；18—单向阀；19—消防水池；
20—高位水箱；21—排水漏斗；22—消防水泵试水阀；23—3mm 小孔闸阀；
24—试水阀门；25—传动管上的闭式喷头

幕阀组启动的联动触发信号，并应由消防联动控制器联动控制水幕系统相关控制阀组的启动。仅用水幕系统作为防火分隔时，应由该报警区域内两只独立的感温火灾探测器的火灾报警信号作为水幕阀组启动的联动触发信号，并应由消防联动控制器联动控制水幕系统相关控制阀组的启动。

　　手动控制方式应将水幕系统相关控制阀组和消防泵控制箱（柜）的启动、停止按钮用专用线路直接连接至设置在消防控制室内的消防联动控制器的手动控制盘，并应直接手动控制消防泵的启动、停止及水幕系统相关控制阀组的开启。

　　压力开关、水幕系统相关控制阀组和消防泵的启动、停止的动作信号，应反馈至消防联动控制器。

　　6. 水喷雾灭火系统

　　水喷雾灭火系统是将高压水通过特殊构造的水雾喷头，呈雾状喷出。在灭火时，它是利用冷却、窒息而使火熄灭，同时具有较好的电绝缘效果。水幕系统的作用方式、工作原理和启动方式与雨淋系统相同。以自动控制方式为例，系统平时管网里充以低压水，火灾发生时，火灾探测器探测到火灾，火灾报警控制器联动控制电控箱，自动开启着火区域的控制阀和消防水泵，管网水压增大，当水压大于一定值时，水喷雾喷头上的压力启动帽脱落，喷头喷水雾灭火。水喷雾灭火系统示意图如图 3-22 所示。

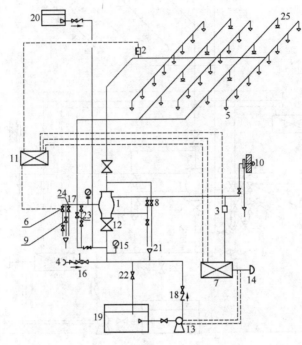

图 3-22 水喷雾灭火系统示意图

1—雨淋阀；2—水流指示器；3—压力开关；4—水泵接合器；5—开式喷头；
6—电磁阀；7—电气自控箱；8—系统试水；9—手动快开阀门；10—水力警铃；
11—火灾报警控制屏；12—闸阀；13—消防水泵；14—控制按钮；15—压力表；
16—安全阀；17—传动管注水；18—单向阀；19—消防水池；20—高位水箱；
21—排水漏斗；22—消防水泵试水阀；23—3mm 小孔闸阀；24—试水阀门；
25—传动管上的闭式喷头

3.1.4 气体灭火系统

气体或泡沫灭火系统是以气体或泡沫作为灭火介质的灭火系统，主要用于不适宜用水灭火的场所（如电气、油类物质火灾及重要资料和遇水易损坏的贵重物品场所）。目前，国家制定了设计、施工及验收规范的自动气体灭火系统有二氧化碳、七氟丙烷（HFC-227ea）、烟烙尽（IG-541）及热气溶胶等灭火系统。

03.01.017
气体灭火系统
工作原理

虽然气体或泡沫灭火系统有不同的种类及不同的系统实现形式，但它们的组成和工作原理大体相同。以下介绍气体灭火系统的工作原理和系统组成。

1. 气体灭火系统的工作原理

当采用气体灭火系统保护的防护区发生火灾后，火灾探测器探测到燃烧产生的烟、温、光等信号输入到火灾报警控制器，经火灾报警控制器鉴别确认后，启动火灾警报装置，发出火灾声、光报警信号，并将信号输入灭火控制盘。灭火控制盘启动门窗等开口关闭装置、关闭通风机等联动设备，并经延时，再启动阀驱动装置，驱动气体瓶组上的容器阀释放驱动气体（高压 N_2），打开通向发生火灾的防护区的选择阀，之后（或同时）打开灭火剂瓶组的容器阀，各瓶组的灭火剂经连接管汇集到集流管，通过选择阀到达安装在防护区内的喷嘴进行喷放灭火，同时安装在管路上的压力开关信号反馈装置动作，信号传送到控制器，由控制器启动防护区外的释放警示灯和警铃。图 3-23 为组合分配式七氟丙烷（HFC-227ea）气体灭火系统组成示意图，烟烙尽（IG-541）气体灭火系统组成与此相同。图 3-24 为二氧化碳灭火系统组成示意图。

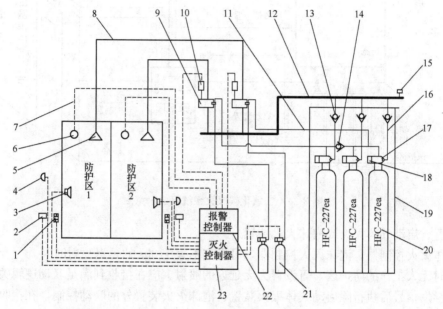

图 3-23　组合分配式七氟丙烷（HFC-227ea）气体灭火系统组成示意图

1—紧急启停按钮；2—放气指示灯；3—声报警器；4—光报警器；5—喷嘴；6—火灾探测器；
7—电气控制线路；8—灭火剂释放管路；9—选择阀；10—信号反馈装置；11—启动管路；
12—集流管；13—灭火剂流通管路单向阀；14—驱动气体流通管路单向阀；15—安全泄压阀；
16—连接管；17—灭火剂瓶组容器阀；18—机械应急启动机构；19—瓶组架；20—灭火剂瓶组；
21—驱动气体瓶组；22—报警控制器；23—灭火控制器（盘）

2. 气体灭火系统的工作过程及控制

气体灭火系统应由专用的气体灭火控制器控制。其一般控制与操作方式：

（1）联动控制　应由同一防护区域内两只独立的火灾探测器（或感烟和感温组合火灾探测器）的报警信号或一只火灾探测器与一只手动火灾报警按钮的报警信号或防护区外的紧急启动信号，作为系统的联动触发信号。

气体或泡沫灭火控制器在接收到满足联动逻辑关系的任一防护区域内设置的感烟火灾探测器、其他类型火灾探测器或手动火灾报警按钮的首次报警信号作为首个联动触发信号后，应启动设置在该防护区内的火灾声光警报器；在接收到同一防护区域内与首次报警的火灾探测器或手动火灾报警按钮相邻的感温火灾探测器、火焰探测器或手动火灾报警按钮的报警信号的第二个联动触发信号后，应发出联动控制信号。

联动触发信号包括关闭防护区域的送（排）风机及送（排）风阀门、停止通风和空气调节系统及关闭设置在该防护区域的电动防火阀、联动控制关闭防护区域的门、窗及开口

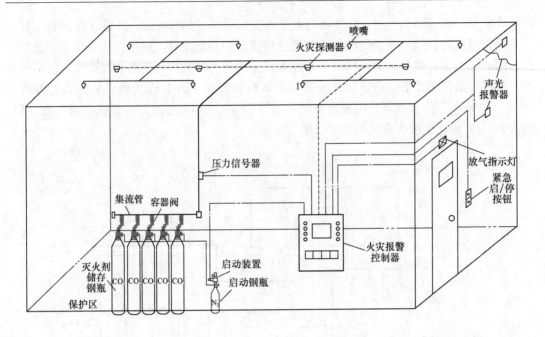

喷嘴
火灾探测器
声光报警器
压力信号器
放气指示灯
紧急启/停按钮
集流管 容器阀
火灾报警控制器
灭火剂储存钢瓶
启动装置
启动钢瓶
保护区

图 3-24 二氧化碳灭火系统组成示意图

封闭装置、启动气体灭火或泡沫灭火装置。

气体灭火控制器、泡沫灭火控制器，可设定不大于 30s 的延迟喷射时间。

平时无人工作的防护区，可设置为无延迟的喷射。应在接收到满足联动逻辑关系的首个联动触发信号后执行除启动气体灭火装置、泡沫灭火装置外的联动控制，在接收到第二个联动触发信号后，应启动气体灭火装置、泡沫灭火装置。

气体灭火防护区出口外上方应设置表示气体喷洒的火灾声光警报器，指示气体释放的声信号应与该保护对象中设置的火灾声警报器的声信号有明显区别。启动气体灭火装置、泡沫灭火装置的同时，应启动设置在防护区入口处表示气体喷洒的火灾声光警报器。组合分配系统应首先开启相应防护区域的选择阀，然后启动气体灭火装置、泡沫灭火装置。

(2) 手动控制 气体或泡沫灭火系统的手动控制方式应符合下列规定：

在防护区疏散出口的门外应设置气体或泡沫灭火装置的手动启动和停止按钮，手动启动按钮按下时气体或泡沫灭火控制器应执行符合上面联动控制中灭火控制器在接收到报警信号的第二个联动触发信号后规定的联动操作。手动停止按钮按下时，气体灭火控制器、泡沫灭火控制器应停止正在执行的联动操作。

气体灭火控制器、泡沫灭火控制器上应设置对应于不同防护区的手动启动和停止按钮，手动启动按钮按下时，气体灭火控制器、泡沫灭火控制器应执行符合上面联动控制中灭火控制器在接收到报警信号的第二个联动触发信号后规定的联动操作。手动停止按钮按下时，气体或泡沫灭火控制器应停止正在执行的联动操作。

气体或泡沫灭火装置启动及喷放各阶段的联动控制及系统联动及状态的反馈信号，应反馈至消防联动控制器。系统的联动反馈信号应包括气体或泡沫灭火控制器直接连接的火灾探测器的报警信号、选择阀的动作信号、压力开关的动作信号。

在防护区域内设有手动与自动控制转换装置的系统,其手动或自动控制方式的工作状态应在防护区内、外的手动和自动控制状态显示装置上显示,该状态信号应反馈至消防联动控制器。

气体灭火系统的工作过程及控制接线如图 3-25、图 3-26、图 3-27 所示。图 3-25 为火灾自动报警系统与气体灭火系统的联动控制接线原理图,图 3-26 为集中探测报警方式的气体灭火系统控制接线图,图 3-27 为就地探测报警方式的气体灭火系统控制接线图。

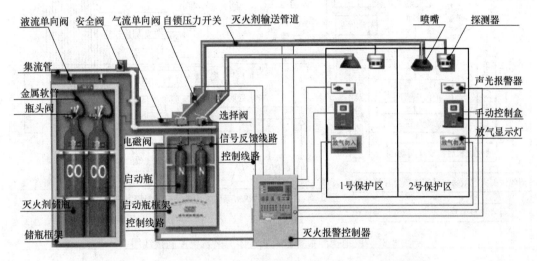

图 3-25 火灾自动报警系统与气体灭火系统的联动控制原理图

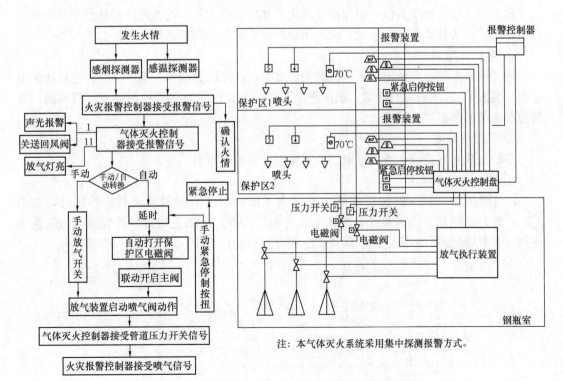

图 3-26 集中探测报警方式的气体灭火系统控制接线图

79

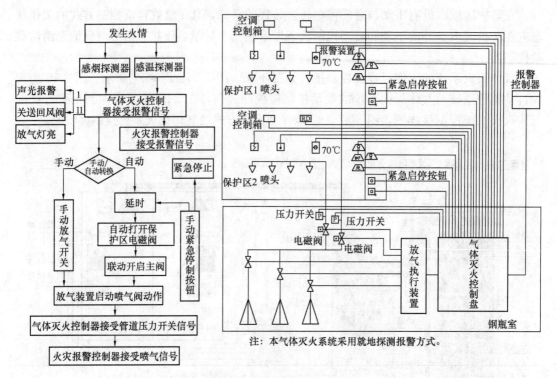

图 3-27 就地探测报警方式的气体灭火系统控制接线图

3.1.5 泡沫灭火系统

泡沫灭火系统由于其保护对象储存或生产使用的甲、乙、丙类液体的特性或储罐形式的特殊要求，其分类有多种形式，但其系统组成大致是相同的。

1. 系统的组成

泡沫灭火系统一般由泡沫液、泡沫消防水泵、泡沫混合液泵、泡沫液泵、泡沫比例混合器（装置）、泡沫液压力储罐、泡沫产生装置、火灾探测与启动控制装置、控制阀门及管道等系统组件组成。

2. 系统的分类

（1）按喷射方式分为液上喷射、液下喷射、半液下喷射

① 液上喷射系统

泡沫从液面上喷入被保护储罐内的灭火系统，与液下喷射灭火系统相比较，如图 3-28、图 3-29 所示。这种系统有泡沫不易受油的污染，可以使用廉价的普通蛋白泡沫等优点。它有固定式、半固定式、移动式三种应用形式。

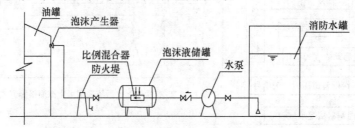

图 3-28 固定式液上喷射泡沫灭火系统（压力式）

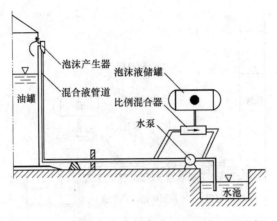

图 3-29 固定式液上喷射泡沫灭火系统（环泵式）

② 液下喷射系统

泡沫从液面下喷入被保护储罐内的灭火系统。泡沫在注入液体燃烧层下部之后，上升至液体表面并扩散开，形成一个泡沫层的灭火系统，如图 3-30、图 3-31 所示。液下用的泡沫液必须是氟蛋白泡沫灭火液或是水成膜泡沫液。该系统通常设计为固定式和半固定式两种。

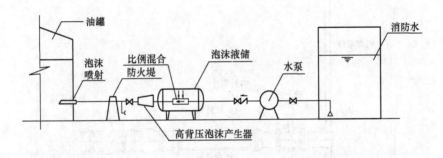

图 3-30 固定式液下喷射泡沫灭火系统（压力式）

③ 半液下喷射系统

泡沫从储罐底部注入，并通过软管浮升到液体燃料表面进行灭火的泡沫灭火系统，如图 3-32 所示。

（2）按系统结构分为固定式、半固定式和移动式

① 固定式系统

由固定的泡沫消防泵、泡沫比例混合器、泡沫产（发）生装置和管道等组成的灭火系统。

② 半固定式系统

由固定的泡沫产（发）生装置及部分连接管道，泡沫消防车或机动泵，用水带连接组成的灭火系统。

③ 移动式系统

由消防车或机动消防泵、泡沫比例混合器、移动式泡沫产（发）生装置，用水带临时

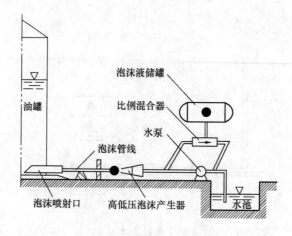

图 3-31　固定式液下喷射泡沫灭火系统（环泵式）

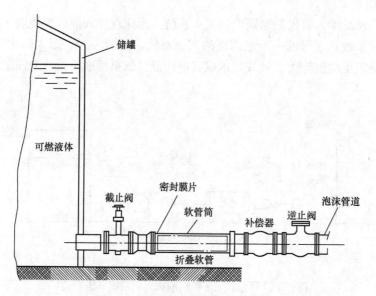

图 3-32　半液下喷射泡沫灭火系统

连接组成的灭火系统。

（3）按发泡倍数分为低倍数泡沫灭火系统、中倍数泡沫灭火系统、高倍数泡沫灭火系统

① 低倍数泡沫灭火系统

低倍数泡沫灭火系统是指发泡倍数小于 20 的泡沫灭火系统。该系统是甲、乙、丙类液体储罐及石油化工装置区等场所的首选灭火系统。

② 中倍数泡沫灭火系统

中倍数泡沫灭火系统是指发泡倍数为 21～200 的泡沫灭火系统。中倍数泡沫灭火系统在实际工程中应用较少，且多用做辅助灭火设施。

③ 高倍数泡沫灭火系统

高倍数泡沫灭火系统是指发泡倍数为 201～1000 的泡沫灭火系统。

（4）按系统形式分为低倍数泡沫灭火系统、中倍数泡沫灭火系统、高倍数泡沫灭火系统（全淹没式、局部应用式、移动式）、泡沫－水喷淋系统和泡沫喷雾系统。

① 全淹没式泡沫灭火系统

全淹没系统是指用管道输送高倍数泡沫液和水，发泡后连续地将高倍数泡沫施放，并按规定的高度充满被保护区域，并将泡沫保持到规定的时间，进行控火或灭火的固定灭火系统。

② 局部应用式泡沫灭火系统

局部应用系统是指向局部空间喷放高倍数泡沫或中倍数泡沫，进行控火或灭火的固定、半固定灭火系统。

③ 移动式泡沫灭火系统

移动式泡沫灭火系统是指车载式或便携式系统，移动式高倍数灭火系统可作为固定系统的辅助设施，也可作为独立系统用于某些场所。移动式中倍数泡沫灭火系统适用于发生火灾部位难以接近的较小火灾场所、流淌面积不超过 100m² 的液体流淌火灾场所。

④ 泡沫－水喷淋系统、泡沫－水喷雾系统

是指在自动喷水灭火系统中配置供给泡沫液的设备，形成既可喷水又可喷泡沫混合液的自动喷水与泡沫联用系统，采用水雾喷头时形成水喷雾与泡沫联用系统。此类系统使用水成膜、成膜氟蛋白等成膜类泡沫液，可采用洒水喷头或水雾喷头，具备灭火、冷却双功效，并且系统安装方便、造价低。

3.2　防灾与减灾系统

建筑消防的防灾与减灾系统，除了前面介绍的直接作为灭火的设施外，建筑内还有一系列的设施，能使火灾一旦发生时，最大限度地减少灾害损失和避免人员伤亡。这些设施主要包括防烟排烟、火灾应急照明和疏散指示、防火门及防火卷帘、消防应急广播与警报装置、消防电话、电梯、非消防电源切断等。

3.2.1　防烟排烟系统

一般火灾时会产生大量的有毒和刺激性气体，即烟雾，烟雾会使人中毒或窒息死亡。经验证明，火灾中烟雾对人体伤害最严重。同时由于烟气在建筑物内不断流动扩散，不仅导致火灾蔓延，也容易引起人员恐慌，影响人员疏散与灭火。因此火灾时的防烟和排烟尤为重要。

03.02.001

防排烟系统
的工作原理

（一）火灾烟气控制

火灾时烟气的产生是不可避免的，但要人为的控制好烟气的流动，不使烟气流向疏散通道、安全区和非着火区，同时让烟气排向室外。主要方法有：（1）隔断或阻挡；（2）疏导排烟；（3）加压防烟。下面简单介绍这三种方法。

1. 隔断或阻挡

墙、楼板、门等都具有隔断烟气传播的作用。为了防止火势蔓延和烟气扩散，建筑防火设计规范规定了建筑须划分防火分区和防烟分区。所谓防火分区是指用防火墙体、楼板、防火门或防火卷帘等分隔，可以将火灾在规定的时间内被限制在一定的区域范围内，不使火势蔓延。防火分区的隔断也能对烟气起隔断作用。所谓防烟分区是在设置防排烟措施的通道、房间，用隔墙或其他措施分割的区域，用以阻挡和限制烟气的扩散。

2. 排烟

利用自然风压或机械的作用力，将烟气排到室外，称之为排烟。利用自然风压的排烟称为自然排烟；利用机械（风机）作用力的排烟称为机械排烟。排烟的部位有两类：着火区和疏散通道。着火区排烟的目的是将火灾产生的烟气排到室外，有利于着火区的人员疏散及消防人员的灭火。对于疏散通道的排烟是为了排除可能侵入的烟气，保证疏散通道无烟或少烟，利于人员安全疏散及消防人员通行。

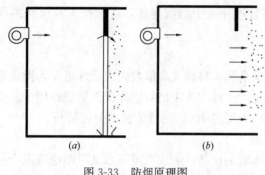

图 3-33 防烟原理图

3. 防烟

防烟是通过风机向需要防烟的房间或通道内送风，使室内保持高于本区域外一定的正风压，避免烟气侵入。图 3-33 是加压防烟两种情况，其中图 3-33（a）是当门关闭时，房间内保持一定正压值，空气从门缝或其他缝隙处流出，防止了烟气的侵入；图 3-33（b）是当门开启的时候，送入加压区的空气以一定的风速从门洞流出，防止烟气的流入。烟气控制的主要目的是在建筑物内创造无烟或烟气含量极低的疏散通道或安全区。

（二）防排烟系统设施、设备及原理

1. 排烟系统

建筑的排烟方式有自然排烟和机械排烟两种。

（1）自然排烟

自然排烟是火灾时，利用室内热气流的浮力或室外风力的作用，将室内的烟气从与室外相邻的窗户、阳台、凹廊或专用排烟口排出。自然排烟不使用动力，结构简单，因此，在符合规范时宜优先采用。自然排烟有两种方式：

1）利用可开启的外窗或专设的排烟口排烟。

2）利用专用排烟竖井排烟。利用专设的竖井，相当于专设一个烟囱，各层房间设排烟风口与之连接，当某层起火有烟时，排烟风口通过消防联动控制自动打开或人工打开，热烟气即可通过竖井排到室外。

03.02.002

机械排烟系统

（2）机械排烟

1）机械排烟方式

机械排烟就是使用排烟风机进行强制排烟。机械排烟可分为局部排烟和集中排烟两种。局部排烟方式是在每个房间内设排烟风机直接排烟；集中排烟方式是将建筑物划分为若干个防烟分区，在每个分区内设置排烟风机，通过风道排出各区内的烟气。

机械排烟系统中，在机械排烟的同时需向房间内送入室外新风。按送风方式不同又可分为机械排烟、机械送风和机械排烟、自然送风两种情况。

① 机械排烟、机械送风：利用设置在建筑物屋面的排烟风机，通过设在防烟楼梯间、防烟前室或消防电梯前室局部的排烟口及与之相连的排烟竖井将烟送至室外，或通过房间（或走道）上部的排烟口排至室外；由室外送风机通过竖井和设于前室（或走道）下部的

送风口向前室（或走道）送新风。各层的排烟口及送风口的开启与排烟风机及送风机连锁，如图 3-34 所示。

② 机械排烟，自然送风：排烟方式同上，但送风不用风机，而是利用排烟风机排烟时形成的负压，通过自然进风竖井和进风口补充新风到前室（或走道）内，如图 3-35 所示。

2）机械排烟系统的组成：由以上可以看出，机械排烟系统一般由挡烟垂壁、排烟口、排烟道、排烟阀、排烟防火阀及排烟风机等组成。下面对机械排烟系统的主要组成部分进行介绍。

① 挡烟垂壁：挡烟垂壁是指用不燃烧材料制成，从顶棚下垂不小于 50cm 的固定或活动的挡烟设施。活动挡烟垂壁一般为电动挡烟垂壁，由附近的感烟探测器的报警信号作为电动挡烟垂壁降落的联动触发信号，由消防联动控制器联动控制电动挡烟垂壁的降落。

② 排烟阀（口）：排烟口一般尽可能布置于防烟分区的中心，距该防烟分区最远点的水平距离不应超过 30m。排烟阀应用于排烟系统的风管上。排烟阀与排烟口平时均处于关闭状态，当火灾发生时，应由同一防烟分区内两个及以上独立的火灾探测器或一个火灾探测器及一个手动报警按钮等设备的报警信号，作为排烟口或排烟阀开启的联动触发信号，由消防联动控制器联动控制排烟口或排烟阀的开启，同时停止该防烟分区的空气调节系统。

③ 排烟防火阀：排烟防火阀适用于排烟系统管道上或风机吸入口处，兼有排烟阀和防火阀的功能。平时处于关闭状态，需要排烟时，其动作和功能与排烟阀相同，可自动开启排烟。当管道气流温度达到 280℃时，阀门自熔关闭，切断气流，防止火灾蔓延。排烟风机入口处的排烟防火阀在 280℃自熔关闭后直接联动控制风机停止，排烟防火阀及风机的动作信号应传至消防控制室，并在消防联动控制器上显示。图 3-36 所示为排烟防火阀安装图，图 3-37 排烟阀及控制模块安装示意图。

03.02.003 ㊳
排烟防火阀

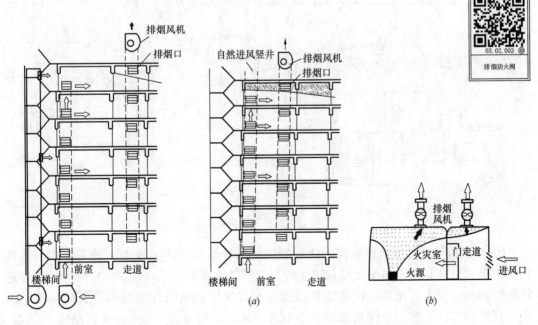

图 3-34 机械排烟、机械送风示意图　　　　图 3-35 机械排烟、自然送风

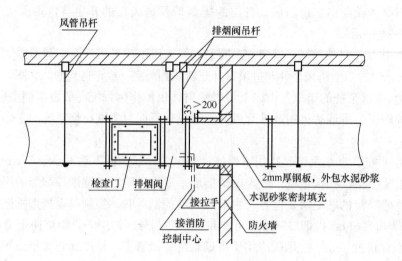

图 3-36 排烟阀安装图

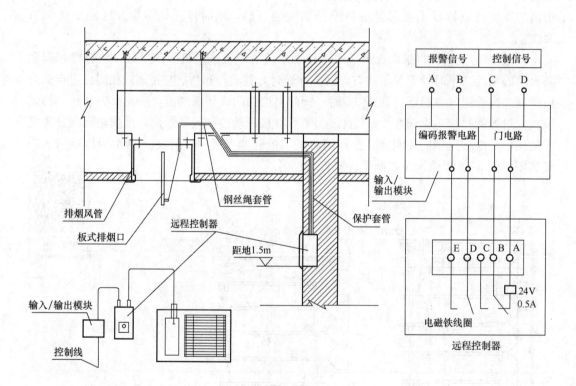

图 3-37 排烟阀及控制模块安装示意图

④ 排烟风机：排烟风机有离心式和轴流式两种类型。在工程中一般采用离心式风机。排烟风机具有一定的耐燃性和隔热性，以保证输送烟气温度在 280℃时能够正常连续运行 30min 以上。排烟风机装置的位置一般设于该风机所在的防火分区的排烟系统中最高排烟口的上部，并设在该防火分区的风机房内。排烟风机由双回路电源供电，且能自动切换。

有些工程中，排风与排烟共用风机，这种情况大部分用于地下室、大型商场等场所。风机一般为双速风机，平时用于正常排风时为低速运行，火灾排烟时为高速运行。

2. 防烟系统

高层建筑的防烟有机械加压送风防烟和密闭防烟两种方式。

机械加压送风防烟

1）机械加压送风防烟原理：对疏散通道的防烟楼梯间或消防电梯前室进行机械送风，使其压力高于走道和火灾房间，防止烟气侵入，称为机械加压送风方式。烟气则通过远离楼梯间的走道外窗或排烟竖井排至室外。如图3-38所示为机械加压送风系统图。

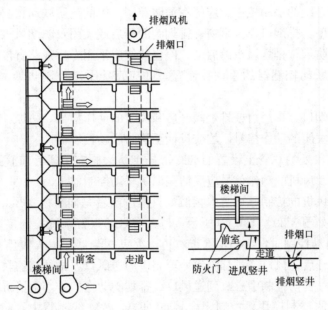

图 3-38　机械加压送风系统图

2）机械加压送风系统的组成：机械加压送风系统一般由加压送风机、送风道、加压送风口及自动控制等组成。

① 加压送风机：加压送风机可采用中、低压离心式风机或轴流式风机，其布置由通风空调专业根据室外新风入口条件、风量分配情况等因素来确定。

② 加压送风口：防烟楼梯间的加压送风口一般每隔2～3层设置一个，送风口一般采用自垂式百叶风口或常开的百叶风口，火灾时对整个楼梯间送风。防烟前室的加压送风口为常闭的双层百叶风口，每层设置一个，火灾时由火灾自动报警系统联动控制火灾层及相邻层的送风口开启。

③ 加压送风道：加压送风道采用密实不漏风的非燃烧材料。

3. 防烟、排烟系统控制

防烟、排烟系统有联动和手动两种控制方式。

防烟系统的联动控制　应由加压送风口所在防火分区内的两只独立的火灾探测器或一只火灾探测器与一只手动火灾报警按钮的报警信号，作为送风门开启和加压送风机启动的联动触发信号，并应由消防联动控制器联动控制相关层前室等需要加压送风场所的加压送风口开启和加压送风机启动。

应由同一防烟分区内且位于电动挡烟垂壁附近的两只独立的感烟火灾探测器的报警信号作为电动挡烟垂壁降落的联动触发信号，并应由消防联动控制器联动控制电动挡烟垂壁的降落。

排烟系统的联动控制　应由同一防烟分区内的两只独立的火灾探测器的报警信号作为排烟口、排烟窗或排烟阀开启的联动触发信号，并应由消防联动控制器联动控制排烟口、排烟窗或排烟阀的开启，同时停止该防烟分区的空气调节系统。

应由排烟口、排烟窗或排烟阀开启的动作信号，作为排烟风机启动的联动触发信号，并应由消防联动控制器联动控制排烟风机的启动。

防烟、排烟系统的手动控制　应能在消防控制室内的消防联动控制器上手动控制送风口、电动挡烟垂壁、排烟口、排烟窗、排烟阀的开启或关闭及防烟风机、排烟风机等设备的启动或停止，防烟、排烟风机的启动、停止按钮应采用专用线路直接连接至设置在消防控制室内的消防联动控制器的手动控制盘，并应直接手动控制防烟、排烟风机的启动、停止。

送风口、排烟口、排烟窗或排烟阀开启和关闭的动作信号，防烟、排烟风机启动和停止及电动防火阀关闭的动作信号，均应反馈至消防联动控制器。

排烟风机入口处的总管上设置的 280℃ 排烟防火阀在关闭后应直接联动控制风机停止，排烟防火阀及风机的动作信号应反馈至消防联动控制器。

防烟、排烟风机的控制原理基本相似，只不过前者是向室内送风，后者是向外排烟。风机控制原理图如图 3-39、图 3-40 所示，与火灾自动报警系统控制接口示意图如图 3-41 所示。图 3-39 自动控制时，将 SA 置于右边，火灾探测器探得火灾信号，由消防控制中心确认后，送出开启送风口或排烟阀信号至相应的送风口或排烟阀的联动控制模块，开启送风口或排烟阀。消防控制中心收到送风口或排烟阀动作信号，由消防联动控制器联动控制防烟风机附近的控制模块，控制闭合触点 1KA，KM 线圈得电，防烟风机启动运行，

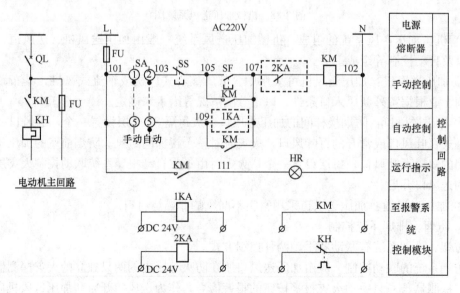

图 3-39　防烟风机控制原理图

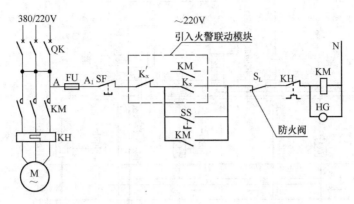

图 3-40 排烟风机控制原理图（未画手动控制环节）

运行指示灯亮。同时由防烟风机的接触器 KM 常开辅助节点送出运行信号至消防控制中心。火警撤销后，由消防控制中心通过火警联动模块使 2KA 得电，断开控制回路 2KA 常闭触点，停止防烟风机。

由于排烟风机是吸取高温烟雾，当烟雾温度达到 280℃时，按照防火规范应停止排烟风机，所以在风机进口处设置有防火阀，防火阀常开触点 SL 接入排烟风机控制回路，当烟温达到 280℃时，防火阀自动关闭，致使防火阀触点 SL 断开，排烟风机停止。同时通过附近设置联动控制模块，将防火阀关闭及排烟风机停止的信号送到消防控制中心。而防烟风机属正压送风，高温烟雾不会进入风管，所以防烟风机出口处不需设防火阀。防烟、排烟风机除由火警信号联动控制外，还可在消防中心直接点动控制，同时还需设置就地启停控制按钮（读者可自行补充完善控制电路）。

3.2.2 防火门、防火卷帘及控制

1. 防火门及控制

防火分区的防火隔断设施处需要留有通道时应按规定设置防火门。防火门按耐火要求不同划分为甲、乙、丙三级，其耐火极限分别为：甲级应为 1.20h；乙级应为 0.90h；丙级应为 0.60h。

防火门应为向疏散方向开启的平开门，并在关闭后应能从任何一侧手动开启。用于疏散的走道、楼梯间和前室的防火门，应具有自行关闭的功能。双扇和多扇防火门，还应具有按顺序关闭的功能。规范规定，防火门系统的联动控制，应符合下列规定：

（1）常开防火门应由所在防火分区内的两只独立的火灾探测器或一只火灾探测器与一只手动火灾报警按钮的报警信号，作为常开防火门关闭的联动触发信号，联动触发信号应由火灾报警控制器或消防联动控制器发出，并应由消防联动控制器或防火门监控器联动控制防火门关闭。

（2）疏散通道上常开防火门的开启、关闭及故障状态信号应反馈至防火门监控器。

常开防火门由防火锁、手动及自动环节组成，电动防火门如图 3-42 所示。

常开防火门锁按门的固定方式可以分为两种：一种是防火门被永久磁铁吸住处于开启状态，当发生火灾时通过自动控制或手动关闭防火门。自动控制是由感烟探测器和联动控制盘发来指令信号，使 DC24V、0.6A 电磁线圈的吸力克服永久磁铁的吸着力，从而靠弹

89

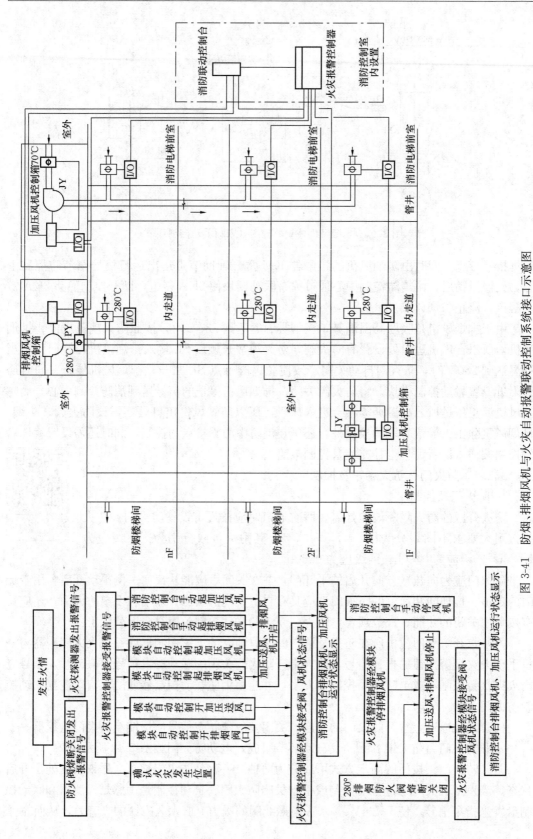

图 3-41　防烟、排烟风机与火灾自动报警联动控制系统接口示意图

簧力将门关闭。手动操作时只要把防火门或永久磁铁的吸着板拉开，门即关闭。另一种是防火门被电磁锁的固定销扣住呈开启状态。发生火灾时，由感烟探测器或联动控制盘发出指令信号使电磁锁动作，或用手拉防火门使固定销掉下，门关闭。常开电动防火门安装图如图 3-43 所示。

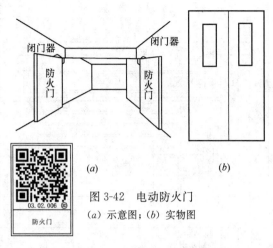

图 3-42　电动防火门
(a) 示意图；(b) 实物图

常闭防火门具有双向开启功能，可在任意方向手动推开，人员通过后在弹簧的作用下自动关闭，因此常闭防火门不需要联动控制装置。

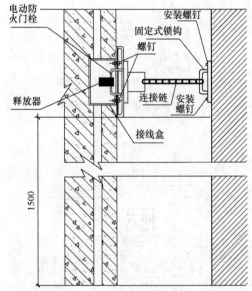

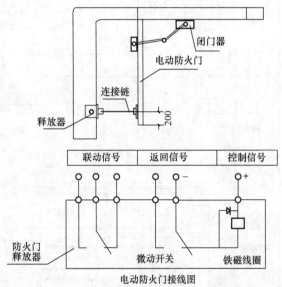

图 3-43　电动防火门安装图

2. 电动防火卷帘门及控制

防火卷帘门设置在建筑物中需进行防火分隔且不宜采用固定防火隔墙处。平时防火卷帘卷上置于顶棚，当发生火灾时，可通过火灾探测器的信号由消防联动控制或就地手动操作使卷帘下降。

（1）电动防火卷帘门组成及安装

电动防火卷帘门由防火卷帘、卷帘电动机、控制箱、控制模块、火灾报警探测器以及现场控制按钮等组成。电动防火卷帘门安装示意如图 3-44 所示。

（2）防火卷帘控制要求

防火卷帘的升降均由防火卷帘控制器控制。但防火卷帘的设置有两种情况，一种是设置于疏散通道上，一种是仅作为防火隔离，两种情况的控制方式有所不同。规范规定两种情况的控制应满足如下要求。

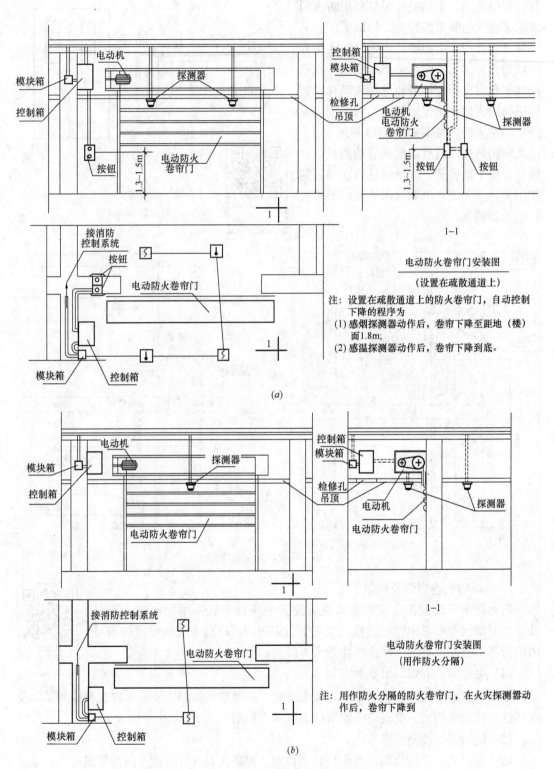

注: 设置在疏散通道上的防火卷帘门, 自动控制
下降的程序为

(1) 感烟探测器动作后, 卷帘下降至距地 (楼)
面1.8m;

(2) 感温探测器动作后, 卷帘下降到底。

(a)

电动防火卷帘门安装图

(用作防火分隔)

注: 用作防火分隔的防火卷帘门, 在火灾探测器动
作后, 卷帘下降到

(b)

图 3-44 电动防火卷帘安装示意图

(a) 安装疏散通道上防火卷帘门; (b) 只用作防火分隔的防火卷帘门

1）疏散通道上设置的防火卷帘的控制

联动控制　防火分区内任两只独立的感烟火灾探测器或任一只专门用于联动防火卷帘的感烟火灾探测器的报警信号应联动控制防火卷帘下降至距楼板面 1.8m 处，任一只专门用于联动防火卷帘的感温火灾探测器的报警信号应联动控制防火卷帘下降到楼板面，在卷帘的任一侧距卷帘纵深 0.5～5m 内应设置不少于 2 只专门用于联动防火卷帘的感温火灾探测器。

手动控制　应由防火卷帘两侧设置的手动控制按钮控制防火卷帘的升降。

2）仅用作防火分隔的防火卷帘的控制

联动控制　应由防火卷帘所在防火分区内任两只独立的火灾探测器的报警信号，作为防火卷帘下降的联动触发信号，并应联动控制防火卷帘直接下降到楼板面。

手动控制　应由防火卷帘两侧设置的手动控制按钮控制防火卷帘的升降，并应能在消防控制室内的消防联动控制器上手动控制防火卷帘的降落。

以上两种情况的控制，防火卷帘下降到楼板面的动作信号（下降至距楼板面 1.8m 处）和防火卷帘控制器直接连接的感烟、感温火灾探测器的报警信号，均应反馈到消防联动控制器。

（3）防火卷帘电气控制原理

疏散通道上分两次下降的防火卷帘电气控制原理如图 3-45 所示。其控制原理如下：

第一次下降：当火灾初期产生烟雾时，感烟探测器动作，消防中心联动信号使触点 1KA 闭合，中间继电器 KA_1 线圈通电动作：①使信号灯 HL 亮，发出报警信号；②电警笛 HA 响，发出声报警信号；③$KA1_{11-12}$ 号触头闭合，给消防中心一个卷帘启动的信号；④ QS_1 的常开触头闭合，全部电路通电；⑤电磁铁 YA 线圈通电，打开锁头，为卷帘门下降作准备；⑥中间继电器 KA_5 线圈通电，接触器 KM_2 线圈接通，KM_2 触头动作，电机反转卷帘下降，下降距地 1.8m 定点时，位置开关 SQ_2 受碰撞动作，KA_5 线圈失电，KM_2 线圈失电，电机停，卷帘停止下降，这样既可隔断火灾初期的烟，也有利于人员撤离。

第二次下降：当火势增大、温度上升时，感温探测器动作，消防中心的联动信号接点 2KA 闭合，使中间继电器 KA_2 线圈通电，其触头动作，使时间继电器 KT 线圈通电。经延时（30s）后其触点闭合，使 KA_5 线圈通电，KM_2 又重新通电，电机反转，卷帘继续下降，当卷帘至地面时，碰撞位置开关 SQ_3 使其触点动作，中间继电器 KA_4 线圈通电，其常闭触点断开，KA_5 失电释放，使 KM_2 线圈失电，电机停止，联动控制过程结束。

（仅作为防火分隔的防火卷帘电气控制，读者可根据其控制要求，自行设计控制原理图。）

3.2.3　火灾应急照明与疏散指示照明系统

1. 火灾应急照明与疏散指示照明的用途

应急照明是在突然停电或发生火灾时正常照明断电时，对重要的场所或建筑物主要通道，为保证正常工作或人员迅速疏散需继续维持一定照度的照明。疏散指示照明是用于火灾时指示人员逃生方向和出口的灯光指示标志。一般需设置用于火灾时人员疏散的应急照明和疏散指示照明的场所包括安全出口、疏散楼梯及楼梯前室、疏散走道等。

2. 火灾应急照明与疏散指示照明灯具

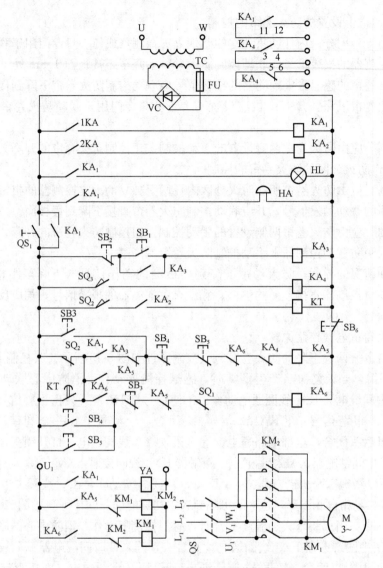

图 3-45　疏散通道防火卷帘电气控制原理图

应急照明灯可按工作状态和功能进行分类。按工作状态可分为 3 类：

（1）持续式应急灯。电源正常时，提供照明并对自带蓄电池充电，电源故障时，由自带蓄电池持续提供照明。

（2）非持续式应急灯。电源正常时，只对自带蓄电池充电而不提供照明，当正常照明电源发生故障时才由自带蓄电池提供照明。

（3）复合应急灯。应急照明灯具内装有两个以上光源，至少有一个可在正常照明电源发生故障时提供照明。

按功能可分为两类：①照明型灯具。在发生事故时，能向走道、出口通道、楼梯和潜在危险区以及需要继续工作的区域提供必要的照明。②标志型灯具。能醒目地指示出口及通道方向，灯上有文字和图示。

应急灯及疏散指示灯实物如图 3-46 所示。

图 3-46　应急灯及疏散指示灯

3. 火灾应急照明与疏散指示照明设置要求

（1）火灾应急照明设置要求

依据《建筑设计防火规范》GB 50016—2014 要求规定，除建筑高度小于 27m 住宅建筑外，民用建筑、厂房和丙类仓库的下列部位，应设置疏散照明：

1）封闭楼梯间、防烟楼梯间及其前室、消防电梯间的前室或合用前室、避难走道、避难层（间）；

2）观众厅、展览厅、多功能厅和建筑面积超过 200m² 的营业厅、餐厅、演播室等人员密集场所；

3）建筑面积超过 100m² 的地下、半地下公共活动场所；

4）公共建筑中的疏散走道；

5）人员密集的厂房内的生产场所及疏散走道。

消防控制室、消防水泵房、自备发电机房、配电室、防烟与排烟机房以及发生火灾时仍需正常工作的消防设备房应设置备用照明。

（2）疏散指示标志设置要求

依据《建筑设计防火规范》GB 50016—2014 规范规定，公共建筑、建筑高度大于 54m 的住宅建筑、高层厂房（库房）和甲、乙、丙类单、多层厂房应设置灯光疏散指示标志，并应符合下列规定：

1）安全出口和人员密集场所的疏散门的正上方。

2）应设置在疏散走道及其转角处距地面高度 1.0m 以下的墙面或地面上。灯光疏散指示标志间距不应大于 20m；对于袋形走道，不应大于 10m；在走道转角区，不应大于 1.0m。

3）下列建筑或场所应在其内疏散走道和主要疏散路线的地面上增设能保持视觉连续的灯光疏散指示标志或蓄光疏散指示标志：

总建筑面积大于 8000m² 的展览建筑；

总建筑面积超过 5000m² 的地上商店；

总建筑面积超过 500m² 的地下、半地下商店；

歌舞娱乐放映游艺场所；

座位数超过 1500 个的电影院、剧院，座位数超过 3000 个的体育馆、会堂或礼堂。

（3）建筑内消防应急照明的最低照度应符合下列规定：

1）疏散走道的地面最低水平照度不应低于 1.0lx；

2）人员密集场所、避难层（间）的地面最低水平照度不应低于 3.0lx；病房楼或手术部的避难间不应低于 10.0lx。

3）楼梯间、前室或合用前室、避难走道的地面最低水平照度不应低于 5.0lx；

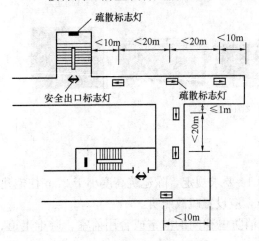

图 3-47　疏散指示标志的布置

4）消防控制室、消防水泵房、自备发电机房、配电室、防烟与排烟机房以及发生火灾时仍需正常工作的其他房间的消防应急照明，仍应保证正常照明的照度。

疏散指示标志的布置如图 3-47 所示。

4. 应急照明系统供电控制方式

《民用建筑电气设计规范》JGJ/T 16—2008 中规定，应急照明电源，宜采用集中应急电源，亦可采用集中蓄电池电源或照明器具自带电源作为应急电源，应急照明中的疏散指示标志和安全出口标志也可采用无电源蓄光装置。并应满足以下要求：

（1）当建筑物消防用电负荷等级为一级，采用交流电源供电时，宜由消防总电源提供双电源，以双回路树干式或放射式供电，按防火分区设置末端双电源自动切换应急照明配电箱，提供该分区内的备用照明和疏散照明电源。

（2）当建筑物的消防用电负荷等级为一级，其应急照明电源采用集中蓄电池（或灯具自带电源）或消防用电负荷等级为二级采用交流电源时，宜由消防总电源提供专用回路采用树干式供电，按防火分区设置应急照明配电箱提供该分区内的备用照明和疏散照明电源。

（3）高层建筑楼梯间的应急照明，宜由消防总电源中的应急电源，提供专用回路，采用树干式供电，每层或最多不超过 4 层，设置应急照明配电箱，提供备用照明和疏散照明电源。

（4）备用照明和疏散照明，不应同一分支回路供电，当建筑物内设有消防控制室时，疏散照明宜在消防控制室控制。

（5）当疏散指示标志和安全出口标志，所处环境的自然采光或人工照明能满足蓄光装置的要求时，可采用蓄光装置作为此类照明光源的辅助照明。

由消防总电源提供双电源双回路树干式末端自动切换供电方式如图 3-48 所示。主供、备供的两路电源来自两个独立电源，按防火分区设置双电源自动切换应急照明配电箱。单相支路为三线制（若灯具为金属外壳且安装高度低于 2.4m 时，需加接 PE 线），应急照明亮灭可控，火灾时由消防联动控制模块 M 强制点亮。

图 3-49 为应急照明亮灭可控接线原理图，正常情况时应急照明灯亮灭可控，火灾时可由消防控制中心强行联动点亮，疏散指示灯（包括出口指示灯）为长明灯。

图 3-50 为应急照明与火灾自动报警接线系统图。

图 3-51 为应急照明由消防控制中心自动或手动控制强制启动原理图。

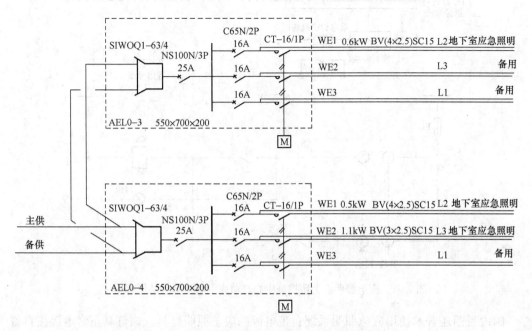

图 3-48 双电源双回路树干式末端自动切供电方式

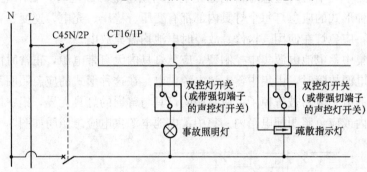

图 3-49 应急照明亮灭可控接线原理图

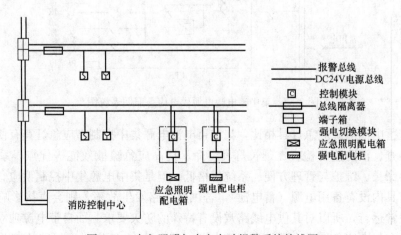

图 3-50 应急照明与火灾自动报警系统接线图

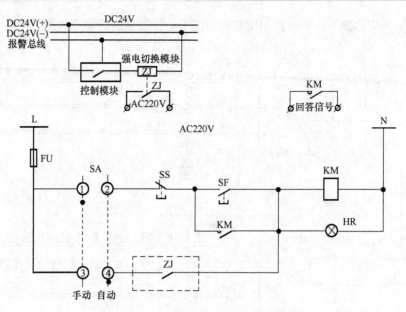

图 3-51 应急照明由消防控制中心自动或手动强制启动原理图

国内目前还普遍使用应急照明系统自带电源的应急照明灯具。该灯具正常电源接自普通照明供电回路中，平时对应急灯蓄电池充电，当正常电源断电时，备用电源（蓄电池）自动供电。这种形式的应急灯每个灯具内部都有变压、稳压、充电、逆变、蓄电池等大量的电子元器件，应急灯在使用、检修、故障时电池均需充放电。

另一种是集中蓄电池电源集中控制型，应急灯具内无自带电源，正常时由普通电源供电，正常照明电源故障时，由集中蓄电池电源供电。在这种形式的应急照明系统中，所有灯具内部复杂的电子电路被省掉了，应急照明灯具与普通的灯具无异，集中供电系统设置在专用的房间内或应急照明配电箱内。集中蓄电池电源供电应急照明如图 3-52 所示。

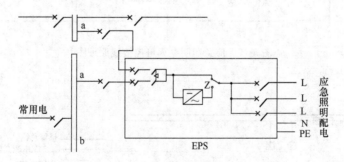

图 3-52 集中蓄电池电源供电应急照明系统图

与自带蓄电池电源应急灯具相比，集中蓄电池电源集中控制型应急灯具有便于集中管理、用户自查、消防监督检查、延长灯具寿命、提高应急疏散效能等优点，系统可靠性好、使用寿命长、维护与管理方便、系统价格低。但是集中电源集中控制型应急灯具由于每个应急灯具内没有备用电源（蓄电池），若供电线路发生故障，则会直接影响到应急照明系统的正常运行，所以对其供电线路敷设有特殊的防火要求。而自带电源独立控制型应急灯具因为在每个应急灯具内都带有备用电源（蓄电池），所以供电线路故障并不会影响到备用电源发生作用。应急灯发生故障时一般也只影响该灯具本身,对整个系统影响不大。

在选择应急照明灯时,应根据具体情况合理选择应急照明系统。一般来说,新建工程或设有消防控制室的工程,应尽量在建设过程中统一布线,选用集中电源集中控制型应急照明;对于小型场所、后期整改或二次装潢改造的工程应选用自带电源独立控制型应急照明。

3.2.4 火灾警报和消防应急广播系统

1. 火灾声光警报器

在火灾自动报警系统中,用以发出区别于环境声、光的火灾警报信号的装置称为火灾声光警报器,火灾声光警报器是一种最基本的火灾警报装置,通常与火灾报警控制器组合在一起,它以声、光方式向报警区域发出火灾警报信号,以警示人们火灾的发生。

(1)火灾声光警报器设置要求

1)规范规定,火灾自动报警系统应设置火灾声光警报器。

2)火灾声光警报器应设置在每个楼层的楼梯口、消防电梯前室、建筑内部拐角等处的明显部位,且不宜与安全出口指示标志灯具设置在同一面墙上。

3)每个报警区域内应均匀设置火灾警报器,其声压组不应小于 60dB,在环境噪声大于 60dB 的场所,其声压级应高于背景噪声 15dB。

4)公共场所宜设置具有同一种火灾变调声的火灾声警报器,具有多个报警区域的保护对象,宜选用带有语音提示的火灾声警报器。日常使用电铃的场所,不应使用警铃作为火灾声警报器。

5)火灾声警报器设置带有语音提示功能时,应同时设置语音同步器。

6)当火灾警报器采用壁挂方式安装时,其底边距地面高度应大于 2.2m。

(2)火灾警报装置

火灾警报装置种类　火灾警报装置有警铃、声光报警器等。图 3-53 为部分声光警报器。

图 3-53　部分火灾警报装置

(3)火灾声光警报器控制

《火灾自动报警系统设计规范》GB 50116—2013 规定,对于火灾声光警报器应满足如下控制要求:

1)应在确认火灾后启动建筑内的所有火灾声光警报器。

2)未设置消防联动控制器的火灾自动报警系统,火灾声光警报器应由火灾报警控制器控制。设置消防联动控制器的火灾自动报警系统,火灾声光警报器应由火灾报警控制器或消防联动控制器控制。

3）同一建筑内设置多个火灾声警报器时，火灾自动报警系统应能同时启动和停止所有火灾声警报器工作。

4）火灾声警报器单次发出火灾警报时间宜为 8～20s，同时设有消防应急广播时，火灾声警报应与消防应急广播交替循环播放。

图 3-54 为火灾警报装置可由火灾报警控制器联动控制也可通过手动报警按钮直接控制，图 3-55 为火灾警报装置与火灾报警控制器联动控制示意图。

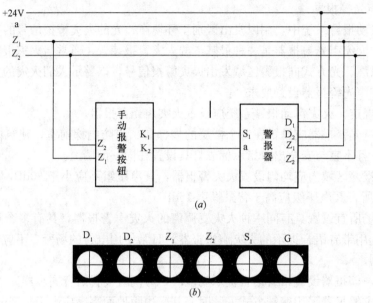

(a)

(b)

图 3-54　火灾警报装置用手动报警按钮直接控制接线图

（a）接线图；（b）接线端子图

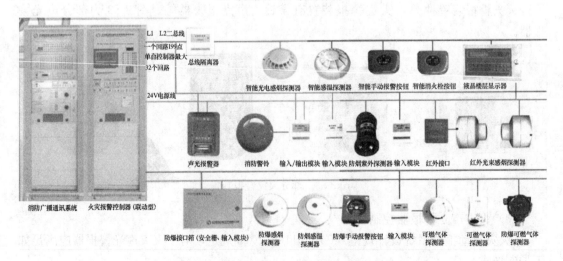

图 3-55　为火灾警报装置与火灾报警控制器联动控制示意图

其中 Z_1、Z_2：与火灾报警控制器信号二总线连接的端子；D_1、D_2：与 DC24V 电源线连接的端子，无极性；S_1、G：外控输入端子，可以利用手动火灾报警按钮的无源常开触点直接控制编码型的火灾声光警报器启动。

2. 火灾应急广播系统

火灾应急广播系统是火灾时疏散和灭火指挥的重要设备，在整个消防控制管理系统中起着极其重要的作用。

（1）火灾应急广播系统的组成及主要设备

火灾应急广播系统主要由主机端设备（包括音源设备、广播功率放大器、火灾报警控制器）、现场设备（包括输出模块、扬声器音箱）以及传输线路组成。

音源设备：音源设备主要指传声器（话筒）以及录放设备。

功率放大器：功率放大器（简称功放）是公共广播系统和音响扩声系统中最重要的设备，它的作用是将传声器或前置放大器输出的音频信号进行功率放大，推动扬声器发声。在建筑物内的火灾应急广播系统中，一般将功率放大器放置在消防控制室内。功率放大器一般采用定电压输出方式，其输出电压一般为 70～120V 的小电流信号，由传输线传输，再经线间变压器降压后推动扬声器发声。

火灾报警控制器：火灾报警控制器（联动型）主要对火灾应急广播系统进行联动控制。包括强制切换到消防广播以及控制广播的区域范围。

扬声器音箱：扬声器俗称喇叭，它是一种将电信号变成声音的器件。

（2）火灾应急广播的设置

根据《火灾自动报警系统设计规范》GB 50116—2013 规定：集中报警系统和控制中心报警系统应设置消防应急广播。火灾应急广播扬声器的设置，应符合下列要求：

1）民用建筑内扬声器应设置在走道和大厅等公共场所。每个扬声器的额定功率不应小于 3W，其数量应能保证从一个防火分区内的任何部位到最近一个扬声器的距离不大于25m。在走道交叉处或拐弯处应设扬声器，走道内最后一个扬声器至走道末端的距离不应大于 12.5m。

2）在环境噪声大于 60dB 的场所设置的扬声器，在其播放范围内最远点的播放声压级应高于背景噪声 15dB。

3）客房设置专用扬声器时，其功率不宜小于 1.0W。

（3）火灾应急广播系统的控制

1）火灾应急广播系统的控制要求

应急广播系统的联动控制信号应由消防联动控制器发出。消防联动控制器对火灾应急广播系统的控制应具备如下功能：

① 消防应急广播系统的联动控制信号应由消防联动控制器发出。当确认火灾后，应同时向全楼进行广播。

② 消防应急广播的单次语音播放时间宜为 10～30s，应与火灾声警报器分时交替工作，可采取 1 次火灾声警报器播放、1 次或 2 次消防应急广播播放的交替工作方式循环播放。

③ 在消防控制室应能手动或按预设控制逻辑联动控制选择广播分区、启动或停止应急广播系统，并应能监听消防应急广播。在通过传声器进行应急广播时，应自动对广播内容进行录音。

④ 消防控制室内应能显示消防应急广播的广播分区的工作状态。

⑤ 消防应急广播与普通广播或背景音乐广播合用时，应具有强制切入消防应急广播的功能。

2）火灾应急广播系统的控制方式

火灾应急广播系统按其接线及组成形式不同有如下几种类型。按其接线不同有多线制和总线制，按其组成形式不同有独立式和合用式。

多线制火灾应急广播系统：对外输出的广播线路按分区来设置，每一分区有两根独立的广播线路与现场扬声器设备连接。

总线制火灾应急广播系统，取消了广播分路盘，由一路总线向各分区扬声器并联式接线。

独立式火灾应急广播系统即为单独设置的火灾应急广播系统。合用式即为火灾应急广播与普通公共广播或背景音乐广播共用一套扬声器系统。

图 3-56 为独立式多线制火灾应急广播系统接线图。图 3-57 为合用式多线制火灾应急广播系统接线图。图 3-58 为独立式总线制火灾应急广播系统接线图。图 3-59 为合用式总线制火灾应急广播系统接线图。

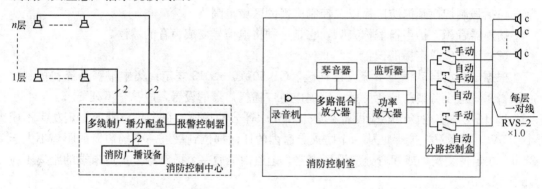

图 3-56 独立式多线制火灾应急广播系统接线图

多线制火灾应急广播系统各广播分区的切换控制由消防控制中心专用的多线制消防广播分配盘来完成。其核心设备为多线制广播分配盘，通过消防联动控制器可实现对分配盘的控制，以实现自动或手动对各广播分区进行正常或消防广播的切换。

总线制火灾应急广播系统其控制模块和切换继电器设置在每个防火分区或楼层。各广播分区的切换控制由消防联动控制器的控制总线对控制模块的控制完成。

对于火灾应急广播与背景音乐合用一套扬声器系统时，一般厂家的做法有如下两种：

其一，大部分厂家生产的消防火灾广播设备采用在分路盘中抑制背景音乐声压级、提高消防火灾广播声压级的方式，这样做只需一套功放及输出线，方便又简洁。但对酒吧、宴会厅等背景音乐输出要调节音量时，则应从广播分路盘中另引一条不经过音量调节器的线路到扬声器，火灾时强切到该线路上作为火灾广播，并同时切除背景音乐。

其二，音源切换方式，这时背景音乐及消防火灾广播需要分开设置功率放大器，火灾广播时由消防联动控制器控制分路控制盒中的控制模块来控制广播室中分线盘中继电器实现切换，如图 3-57 所示。也可以将火灾广播和背景音乐分别布线，在扬声器处设火警联动控制模块与切换继电器。平时播放背景音乐，火灾时由消防联动控制器控制线控制模块与切换继电器动作，切换到消防火灾广播，如图 3-58 所示。

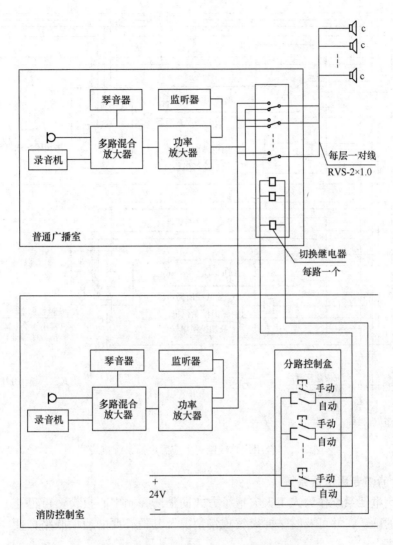

图 3-57 合用式多线制火灾应急广播系统接线图

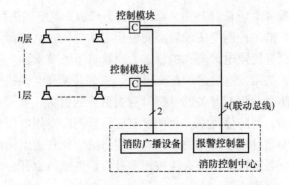

图 3-58 独立式总线制火灾应急广播系统接线图

(其中联动总线 4 线为 24V 电源线 2 根，联动控制信号总线 2 根)

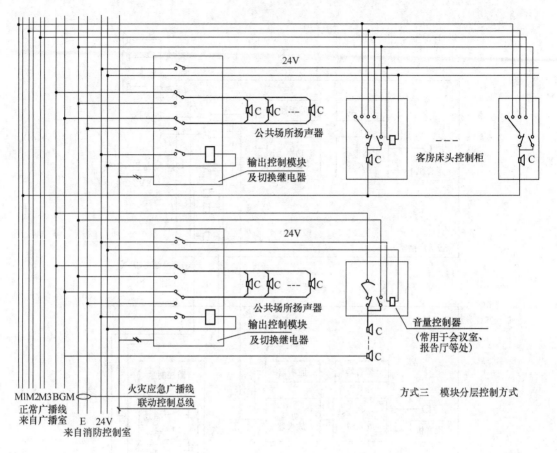

图 3-59 合用式总线制火灾应急广播系统接线图

3.2.5 消防专用电话系统

消防专用电话系统作为人工火灾报警方式向消防控制中心报警，可迅速实现对火灾的确认，并可及时掌握火灾现场情况及其他必要的通信联络，便于指挥灭火等。

1. 消防专用电话的设置

根据《火灾自动报警系统设计规范》GB 50116—2013 规定，消防专用电话网络应为独立的消防通信系统，消防控制室应设置消防专用电话总机，宜选择共电式电话总机或对讲通信电话设备。电话分机或电话塞孔的设置，应符合下列要求：

（1）消防水泵房、备用发电机房、配变电室、主要通风和空调机房、排烟机房、消防电梯机房及其他与消防联动控制有关的且经常有人值班的机房、灭火控制系统操作装置处或控制室、企业消防站、消防值班室、总调度室应设置消防专用电话分机。消防专用电话分机，应固定安装在明显且便于使用的部位，并应有区别于普通电话的标识。

（2）设有手动火灾报警按钮、消火栓按钮等处宜设置电话塞孔。电话塞孔在墙上安装时，其底边距地面高度宜为 1.3~1.5m。

（3）各避难层应每隔 20m 设置一个消防专用电话分机或电话塞孔。

（4）消防控制室、消防值班室或企业消防站等处，应设置可直接报警的外线电话。

2. 消防专用电话主要设备

消防专用电话主要设备包括消防电话主机、固定式消防电话机、便携式消防电话机。固定式消防电话的使用非常简单，只要拿起话筒就可以直接和消防控制室的人员联系。消防控制室的人员也可以直接呼叫固定式消防电话。便携式消防电话是巡检人员使用，用于连接楼内手动报警按钮上的消防电话插孔，有火情的话，巡检人员将便携式的消防电话直接插到消防电话插孔内就可以和消防控制室的人员通话。

消防电话主机如图 3-60（a）、固定式消防电话机如图 3-60（b）、消防电话插孔如图 3-60（c）所示。

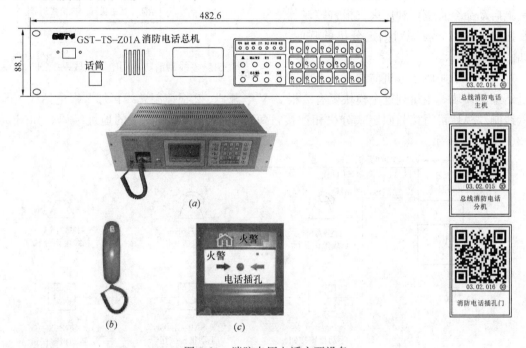

图 3-60 消防专用电话主要设备

目前使用的总线消防电话主机可以实现如下功能：

（1）快速实时自动巡检。

（2）总机可以同时与多部分机进行通话。

（3）具有液晶汉字图形显示功能，可以直观地了解各种功能操作及工作状态。

（4）可存储一定时间的通话录音及呼叫通话记录，能准确记录每部分机呼叫、通话发生的时间、类型及通话内容。

（5）总机可即时进行短路、断路的故障报警。

（6）可编码消防电话分机也可连接非编码消防电话分机或非编码消防电话插孔。

3. 消防专用电话接线

消防电话分机是专线话机，分机直通消防控制中心主机。其接线分为多线制和总线制两种方式。

（1）多线制接线：每台消防电话分机都有单独线与消防控制室的电话主机相连接，分机提机可呼叫主机，主机上按下相应分机的按键可呼叫分机。如图 3-61 所示。

（2）总线制接线：总线制接线的消防电话系统有两种情况。一种为主机带有接口模块，分机不带编码模块，消防电话分机采用 2 总线直接与消防电话主机连接，当消防电话分机的话筒被提起或电话插孔插上手提电话时，该部电话即被消防电话接口自动向消防电话系统请求接入，系统接受请求后，由火灾报警控制器向该接口发出启动命令；也可利用火灾报警控制器直接启动接口，实现对固定分机的呼叫。如图 3-62 所示。

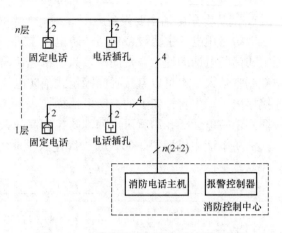

图 3-61　多线制消防专用电话接线系统图

另一种消防电话分机前端有一个消防电话编码模块，主机到这个模块要有 2 根 24V 电源线、2 根控制总线再加 2 根电话线，即六线制。模块可直接与固定式分机相连接，每个电话分机均有固定的地址编码。如图 3-63、图 3-64 所示。

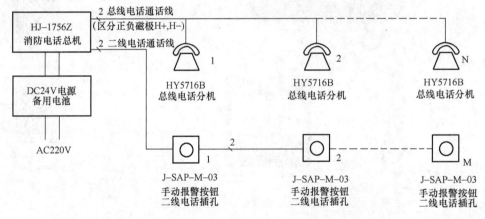

图 3-62　总线制分机无编码模块消防专用电话接线图

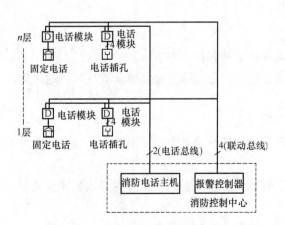

图 3-63　总线制有编码模块消防专用
　　　　电话接线原理图

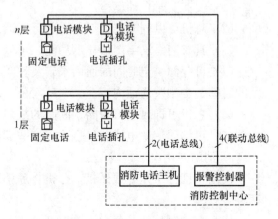

图 3-64　总线制有编码模块消防专用
　　　　电话接线系统图

4. 消防通信系统联动控制

消防控制室通过专业控制模块与报警主机相连，实现联动控制，设置对内联系、对外报警的电话通信。对内除保证消防专用电话的可靠畅通外，消防控制室与本部门的值班室、消防水泵房、变电站、防排烟风机房等有关房间应有固定的对讲电话。消防控制室还必须设置一台119外线报警电话，以实现对城市消防部门的报警功能。无线对讲机可作为消防值班人员的辅助通信设备。

3.2.6 电梯控制

电梯是高层建筑垂直方向的交通工具。建筑物内电梯按功能一般分为客梯和消防电梯，有些建筑设置专用消防电梯，也有些建筑利用客梯兼做消防电梯。消防电梯主要是火灾发生时供消防人员使用或营救被困人员用，因此，消防电梯的运行应保证安全可靠。

1. 消防电梯的设置

依据《建筑设计防火规范》GB 50016—2014规定，建筑消防电梯设置有如下要求：

（1）下列建筑应设置消防电梯

1）一类高层公共建筑和高度大于32m的二类高层公共建筑。

2）建筑高度大于33m的住宅建筑。

3）设置消防电梯的建筑的地下或半地下室，埋深大于10m且总建筑面积大于3000m² 的其他地下或半地下建筑（室）。

（2）高层建筑消防电梯的设置数量

1）消防电梯应分别设在不同防火分区内，且每个防火分区不应少于1台。相邻两个防火分区可共用一台消防电梯。

2）符合消防电梯要求的客梯或货梯可兼作消防电梯。

其他设置要求可详见规范。

2. 电梯的控制

《火灾自动报警系统设计规范》GB 50116—2013规定：消防控制室在确认火灾后，应能控制电梯全部停于首层，并接收其反馈信号。消防电梯及客梯的迫降联动控制信号应由消防联动控制器发出。当确认火灾后，消防联动控制系统应发出联动控制信号强制所有电梯停于首层或电梯转换层。除消防电梯外，其他电梯的电源应切断。电梯停于首层或电梯转换层开门后的反馈信号作为电梯电源切断的触发信号。消防控制室应显示消防电梯及客梯运行状态，并接收和显示其停于首层或转换层的反馈信号。

有两种方式可实现电梯的控制，一是将所有电梯控制的副盘显示设在消防控制中心，消防值班人员可直接操作电梯的迫降。另一种是消防控制中心通过消防控制模块实现，火灾时，消防值班人员通过联动控制装置，向电梯机房发出火灾信号和强制电梯全部迫降首层的指令。

火灾自动报警系统中对电梯的控制一般采用总线制连接输入输出控制模块，实现对电梯的控制，如图3-65所示。图中电梯控制箱由厂家配套供货。图3-66为电梯控制系统图。

火灾自动报警系统中对电梯的控制也可采用多线制控制来实现。多线制即为每台电梯设置一多线控制模块，模块接入一对联动控制线，实现对每台电梯的控制。其接线系统图如图 3-66 所示。

3.2.7 切断非消防电源

《火灾自动报警系统设计规范》GB 50116—2013 规定，消防控制室在确认火灾后，应在消防控制室自动或手动切除相关区域的非消防电源。并接通警报装置及火灾应急照明灯和疏散标志灯。非消防电源是指普通的照明、动力等一切在没有火灾的情况下而使用的电源。强制切断非消防电源是根据产生报警信号的火灾探测器所在的防火分区或所在楼层来切断相应分区或楼层的所有普通用电的电源。非消防用电的配电线路不一定是按防火设计，因此火灾时，如果电线、电缆的绝缘烧坏，会引起电气短路，引发新的火灾，同时也可能在灭火中，造成消防队员触电事故，给灭火增加困难。因此，强制切断非消防电源对于控制、扑灭火灾至关重要。

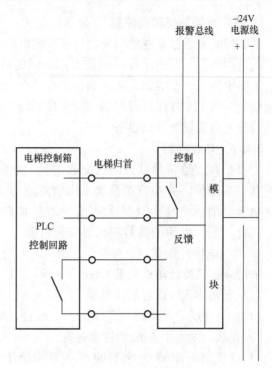

图 3-65 火灾自动报警系统中电梯总线制控制接线原理图

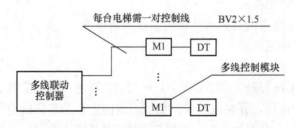

图 3-66 火灾自动报警系统中电梯多线制控制系统图

消防系统中联动切断非消防电源的做法：在每个防火分区内按要求设置总配电箱，总配电箱内安装一个带分励脱扣线圈的总断路器。利用火灾自动报警系统的输入输出模块来控制断路器分励脱扣线圈的控制回路，控制断路器的断开，就可以实现对非消防电源联动强制切断功能。其控制原理如图 3-67 所示。

3.2.8 联动控制模块的设置

《火灾自动报警系统设计规范》规定，每个报警区域内的控制模块宜相对集中设置在本报警区域内的金属模块箱中。控制模块严禁设置在配电（控制）柜（箱）内。本报警区域内的模块不应控制其他报警区域的设备。未集中设置的模块附近应有尺寸不小于 100mm×100mm 的标识。

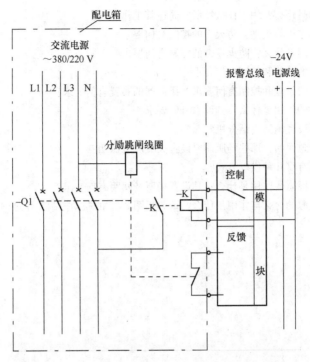

图 3-67　火灾时消防联动切断非消防电源原理图

小　结

本章主要讲述了消防灭火与减灾系统的基本方法。介绍了消火栓灭火系统、自动喷水灭火系统、气体灭火系统的灭火原理、系统组成、设置要求以及电气联动控制方式；介绍了防烟排烟、火灾警报装置与消防广播、消防专用电话、防火门与防火卷帘、电梯控制、火灾应急照明、切断非消防电源等在消防中的作用、系统组成、设置要求、电气联动控制方式。通过本章学习，使学生具备针对不同建筑正确选择消防灭火方式、确定减灾类型的能力，具备灭火与减灾系统的设计、绘图与识图能力。

复习思考题

03.00.002 ①

云题

1. 建筑灭火系统有哪些类型？
2. 简述消火栓灭火系统的灭火原理、系统组成。
3. 消火栓灭火系统的设置有哪些要求？
4. 消火栓灭火系统的联动控制有何要求？
5. 自动喷水灭火系统有哪些类型？简述其各自特点及适用场所。
6. 湿式自动喷水灭火系统有哪些设备组成？简述各设备的作用及工作原理。
7. 简述气体灭火系统的灭火原理、适用场所，目前我国主要有哪几种气体灭火系统？
8. 气体灭火系统有哪些控制与操作方式？简述气体灭火系统自动控制的工作过程。
9. 机械排烟系统有哪几部分组成？简述其联动控制工作过程。
10. 防烟系统有哪几部分组成？简述防烟系统联动控制工作过程。

11. 防火阀的作用是什么？用于什么场所？简述其工作过程。

12. 简述防火门的作用与类型。防火门的控制有何要求？

13. 防火卷帘的作用是什么？防火卷帘的控制有何要求？

14. 火灾警报装置的设置和控制有何要求？

15. 消防广播系统的设置和控制有何要求？扬声器的布置有何要求？

16. 消防专用电话的作用是什么？其设置有何要求？

17. 哪些场所需要设置消防电话分机？

18. 什么叫火灾应急照明？那些场所需要设置火灾应急照明？

19. 火灾应急照明有哪几种供电方式？

20. 消防疏散指示标志的作用是什么？其设置场所及间距有何要求？

21. 切断非消防电源的含义与作用是什么？请分析图 3-76 的联动控制工作过程。

项目4 火灾自动报警系统设计实训

04.00.001

MOOC教学视频

【能力目标】

根据前面所学知识，选择一个实际工程项目，在教师的指导下，由学生自主完成火灾自动报警系统设计。培养学生具有确定火灾自动报警系统的设置和确定系统形式的能力；具有火灾自动报警及消防联动控制系统设备选型与布置的能力；具备正确使用和查找规范和手册的能力；具有绘制和识读火灾自动报警系统工程图的能力。

4.1 设 计 依 据

4.1.1 工程条件

学生在进行火灾自动报警系统设计前，需要各专业提供如下工程条件：

1. 建筑专业　需要提供建筑物类型、层数、各层层高、大楼总高度、各层建筑平面图（应明确各房间功能、防火分区）、建筑面积等。

2. 结构专业　需要提供结构形式、基础类型、梁柱位置、梁柱尺寸等。

3. 给水排水专业　需要提供消防灭火类型、消防给水方式；消防水泵房及水泵布置；高位水箱及稳压泵布置；消火栓、压力开关（或压力传感器）以及流量开关的布置；自动喷水灭火系统中报警阀、水流指示器、压力开关（或压力传感器）以及流量开关的布置；气体灭火系统的类型及布置等。

4. 通风与空调专业　需要提供空调类型；通风方式；通风与空调管道布置；防烟排烟方式及防烟排烟风机布置；防火阀、送风口、排风口、排烟口布置。

5. 供配电与照明　需要提供变电站位置；各层动力及照明配电箱的布置；消防应急照明方式及应急照明电源布置与控制。

4.1.2 现行规范、标准、图集

《建筑设计防火规范》GB 50016—2014

《火灾自动报警系统设计规范》GB 50116—2013

《民用建筑电气设计规范》JGJ 16—2008

《消防联动控制系统》GB 168066—2006

国家现行相关单项工程规范、标准及工程图集

4.2 火灾自动报警系统设计

以某高层综合楼为例讲解，其设计工作过程如下：

案例：某高层综合楼，建筑专业提供的条件图，该大楼地面上 16 层，地下一层，地下室层高 4.5m，一层层高 3.6m，2～16 层层高均为 3.3m，一层有一学术报告厅，其他层均为

办公用房,建筑总高度为 53.7m,总建筑面积为 16063m²,其中地下室建筑面积为 1633m²,地下室主要为设备用房,包括变配电房、空调机房、水泵房、燃气锅炉房等。

4.2.1 确定是否需要设计火灾自动报警系统

确定建筑项目是否需要设置火灾自动报警系统的依据是相关专业提供的条件图和《建筑设计防火规范》GB 50016 中相关内容。本建筑属一类高层公共建筑,依据《建筑设计防火规范》GB 50016—2014 第 5.1.1 条规定、第 8.4 条规定,一类高层公共建筑应设置火灾自动报警系统。

4.2.2 确定系统形式及总体设计要求

1. 确定系统形式

依据《火灾自动报警系统设计规范》GB 50116—2013 第 3.2.1 条规定,因为该大楼不仅需要报警,同时还需要联动自动消防设备,按其规模只需设置一台具有集中控制功能的火灾报警控制器和消防联动控制器,应采用集中报警系统形式。

2. 系统设计总体要求

依据《火灾自动报警系统设计规范》GB 50116—2013 第 3.2.3 条规定,集中火灾报警系统形式,其设计应符合如下规定。

(1) 系统应由火灾探测器、手动火灾报警按钮、火灾声光警报器、消防应急广播、消防专用电话、消防控制室图形显示装置、火灾报警控制器、消防联动控制器等组成。

(2) 系统中的火灾报警控制器、消防联动控制器和消防控制室图形显示装置、消防应急广播的控制装置、消防专用电话总机等起集中控制作用的消防设备,应设置在消防控制室内。

(3) 系统设置的消防控制室图形显示装置应具有传输规范中附录 A 和附录 B 规定的有关信息的功能(详见规范)。

系统设计时在设备的选择及容量的确定方面应满足如下要求。

(1) 火灾自动报警系统应设有自动和手动两种触发装置。

(2) 火灾自动报警系统设备应选择符合国家有关标准和有关市场准入制度的产品。系统中各类设备之间的接口和通信协议的兼容性应符合现行国家标准《火灾自动报警系统组件兼容性要求》GB 22134—2014 的有关规定。

(3) 任一台火灾报警控制器所连接的火灾探测器、手动火灾报警按钮和模块等设备总数和地址总数,均不应超过 3200 点,其中每一总线回路连接设备的总数不宜超过 200 点,且应留有不少于额定容量 10%的余量;任一台消防联动控制器地址总数或火灾报警控制器(联动型)所控制的各类模块总数不应超过 1600 点,每一联动总线回路连接设备的总数不宜超过 100 点,且应留有不少于额定容量 10%的余量。

(4) 系统总线上应设置总线短路隔离器,每只总线短路隔离器保护的火灾探测器、手动火灾报警按钮和模块等消防设备的总数不应超过 32 点;总线穿越防火分区时,应在穿越处设置总线短路隔离器。

根据以上要求,对本工程的设计初步进行设备选型。所选的产品应符合国家相关规定,容量满足工程需要。

4.2.3 系统设施与报警系统设计

1. 消防控制室设置

依据《民用建筑电气设计规范》JGJ 16—2008 第 13.11 条及《火灾自动报警系统设

计规范》GB 50116—2013第3.4条规定确定消防控制室的设置及要求。

（1）消防控制室类型的确定

依据规范本大楼应设置一个消防控制室。

（2）消防控制室位置的选择

本大楼消防控制室设于大楼一层，有直接对外的出口。

（3）消防控制室的面积大小应满足规范第3.4.8条设备布置的相关要求。

2．火灾探测器与手动报警按钮设置

（1）报警区域和探测区域的划分

所谓报警区域，就是将火灾自动报警系统的警戒范围按防火分区或楼层等划分的单元。报警区域的划分依据《火灾自动报警系统设计规范》GB 50116—2013第3.3.1条确定。本工程是按楼层划分的防火分区，每一层为一个防火分区，因此可将每一个楼层划分为一个报警区域，也可将发生火灾时需要同时联动消防设备的相邻几个楼层划分为一个报警区域。一般来说，一个报警区域可确定为一条报警总线回路，但每一总线回路连接设备的总数不宜超过200点，因此还应根据所选报警产品的具体情况，并且应留有不少于额定容量10%的余量。

所谓探测区域，就是将报警区域按探测火灾的部位划分的单元。探测区域的划分依据《火灾自动报警系统设计规范》GB 50116—2013第3.3.2及3.3.3条规定，应符合下列规定：

探测区域应按独立房（套）划分。一个探测区域的面积不宜超过500m²，从主要入口能看清其内部，且面积不超过1000m²的房间，也可划分为一个探测区域。

敞开或封闭楼梯间、防烟楼梯间、防烟楼梯间前室、消防电梯前室、消防电梯与防烟楼梯间合用的前室、走道、坡道、电气管道井、通信管道井、电缆隧道、建筑物闷顶、夹层等应单独划分探测区域。一般来说，一个探测区域可以是同一个报警地址编码。

（2）火灾探测器与手动火灾报警按钮设置

依据《火灾自动报警系统设计规范》GB 50116—2013第6.2条及附录D的规定，下列场所应设置火灾探测器：办公室、会议室、档案室；消防电梯、防烟楼梯的前室及合用前室、走道、门厅、楼梯间；可燃物品库房、空调机房、配电室（间）、变压器室、自备发电机房、电梯机房；敷设具有可延燃绝缘层和外护层电缆的电缆竖井、电缆夹层、电缆隧道、电缆配线桥架；贵重设备间和火灾危险性较大的房间；经常有人停留或可燃物较多的地下室。

在设置火灾探测器的同时，还应设置手动火灾报警按钮。手动火灾报警按钮的设置应符合《火灾自动报警系统设计规范》GB 50116—2013第6.3条规定，即每个防火分区应至少设置一只手动火灾报警按钮，并且满足一个防火分区内的任何位置到最邻近的手动火灾报警按钮的步行距离不应大于30m，手动火灾报警按钮宜设置在疏散通道或出入口处。

（3）火灾探测器类型选择

火灾探测器类型的选择应根据建筑物房间的功能、高度、环境、火灾燃烧特点等再参照《火灾自动报警系统设计规范》GB 50116—2013中第5章的相关规定确定。

（4）火灾探测器布置及要求

火灾探测器设置应根据建筑物房间的形状、面积尺寸、火灾探测器的种类及灵敏度、火灾探测器的保护面积及保护半径、突出顶棚的梁高等因素，具体参照《火灾自动报警系统设计规范》GB 50116—2013 中第 6 章的相关规定确定。

探测区域的每个房间应至少设置一只火灾探测器。探测器的保护面积和保护半径，应按规范中表 6.2.2 确定。

感烟火灾探测器、感温火灾探测器的安装间距，应根据探测器的保护面积和保护半径确定，并不应超过《火灾自动报警系统设计规范》GB 50116—2013 中附录 E 探测器安装间距的极限曲线规定的范围。

在有梁的顶棚上设置点型感烟或感温火灾探测器时，应符合《火灾自动报警系统设计规范》GB 50116—2013 第 6.2.3 条规定。同时按规范中附录 F 和附录 G 确定梁对探测器保护面积的影响和一只探测器能够保护的梁间区域的数量。

在宽度小于 3m 的内走道顶棚上设置点型火灾探测器时，宜居中布置。感温火灾探测器的安装间距不应超过 10m；感烟火灾探测器的安装间距不应超过 15m；探测器至端墙的距离，不应大于探测器安装间距的 1/2。

点型探测器至墙壁、梁边的水平距离，不应小于 0.5m。点型探测器周围 0.5m 内，不应有遮挡物。

房间被书架、设备或隔断等分隔，其顶部至顶棚或梁的距离小于房间净高的 5% 时，每个被隔开的部分应至少安装一只点型探测器。

点型探测器至空调送风口边的水平距离不应小于 1.5m，并宜接近回风口安装。探测器至多孔送风顶棚孔口的水平距离不应小于 0.5m。

点型探测器宜水平安装，当倾斜安装时，倾斜角不应大于 45°。

在电梯井、升降机井设置点型探测器时，其位置宜在井道上方的机房顶棚上。

3. 其他设备设计

（1）区域显示器的设置

依据《火灾自动报警系统设计规范》GB 50116—2013 规定。本大楼在每层的消防电梯前室设置一个区域显示器。

（2）火灾警报器的设置

火灾警报器的设置依据《火灾自动报警系统设计规范》GB 50116—2013 第 6.5 条规定。

本大楼在每个楼层的楼梯口、消防电梯前室、建筑内部拐角等处的明显部位等相应的位置设置了火灾声光警报装置。

（3）消防应急广播的设置

依据《火灾自动报警系统设计规范》GB 50116—2013 第 6.6 条规定。

本大楼为集中报警系统，因此设计了一套消防广播系统，并按规范要求布置扬声器。

（4）消防专用电话的设置

依据《火灾自动报警系统设计规范》GB 50116—2013 第 6.7 条规定。

本大楼为集中报警系统，因此设计了一套消防专用电话网络系统，在消防控制室设置消防专用电话总机，在相应的设备房设置了消防专用电话分机，在手动火灾报警按钮处采用带有电话插孔的手动火灾报警按钮，消防控制室设置了可直接报警的外线电话，消防专用电话分机为多线制，每个电话分机与总机为单独线路连接，电话插孔为一条总线总机连接。

（5）消防控制室图形显示装置的设置

依据《火灾自动报警系统设计规范》GB 50116—2013 第 6.9 条规定。本大楼在消防控制室内设置一套图形显示装置。

4.3 消防联动控制设计

根据建筑专业、供配电与照明、建筑给水排水、通风与空调等专业提供的相关条件，确定灭火与减灾系统的联动控制方式，选择联动控制设备，绘制完整的火灾自动报警与消防联动控制平面图、系统图。

消防联动控制设计具体参见《火灾自动报警系统设计规范》GB 50116—2013 第 4 章相关规定。

4.3.1 消防联动控制设计的一般规定

（1）消防联动控制器应能按设定的控制逻辑向各相关的受控设备发出联动控制信号，并接受相关设备的联动反馈信号。

（2）消防联动控制器的电压控制输出应采用直流 24V，其电源容量应满足受控消防设备同时启动且维持工作的控制容量要求。

（3）各受控设备接口的特性参数应与消防联动控制器发出的联动控制信号相匹配。

（4）消防水泵、防烟和排烟风机的控制设备，除应采用联动控制方式外，还应在消防控制室设置手动直接控制装置。

（5）启动电流较大的消防设备宜分时启动。

（6）需要火灾自动报警系统联动控制的消防设备，其联动触发信号应采用两个独立的报警触发装置报警信号的“与”逻辑组合。

4.3.2 自动喷水灭火系统的联动控制设计

依据《火灾自动报警系统设计规范》GB 50116—2013 第 4.2 条规定，自动喷水灭火系统按类型有湿式系统和干式系统、预作用系统、雨淋系统、水幕系统等，按控制方式有联动控制和手动控制。

本工程中只设计有湿式自动喷淋灭火系统，采用联动控制和手动控制两种方式，联动控制通过水流指示器、湿式报警阀压力开关的动作信号作为触发信号直接控制启动喷淋消防泵。手动控制是通过在消防控制室内的消防联动控制器的手动控制盘上的控制按钮，直接手动控制喷淋消防泵的启动、停止。（详见火灾自动报警系统图。）

4.3.3 消火栓系统的控制设计

依据《火灾自动报警系统设计规范》GB 50116—2013 第 4.2 条规定，消火栓系统的控制方式有联动控制和手动控制。

本工程设计的消火栓灭火系统，消火栓泵的联动控制由消火栓系统出水干管上设置的低压压力开关、高位消防水箱出水管上设置的流量开关或报警阀压力开关等信号作为触发信号，直接控制启动消火栓泵。消火栓按钮的动作信号只作为报警信号及启动消火栓泵的联动触发信号，由消防联动控制器联动控制消火栓泵的启动。

手动控制方式，是将消火栓泵控制箱（柜）的启动、停止按钮用专用线路直接连接至消防控制室内的消防联动控制器的手动控制盘，直接手动控制消火栓泵的启动、停止。

消火栓泵的动作信号应反馈至消防联动控制器。（详见火灾自动报警系统图。）

4.3.4　气体灭火系统、泡沫灭火系统的控制设计

气体灭火系统、泡沫灭火系统应分别由专用的气体灭火控制器、泡沫灭火控制器控制。

根据气体灭火控制器、泡沫灭火控制器与火灾探测器的连接方式不同分为直接连接火灾探测器和不直接连接火灾探测器两种情况，按控制方式不同又分为自动控制和手动控制，控制要求详见《火灾自动报警系统设计规范》GB 50116—2013 第 4.4 条规定。

本工程在变配电房设置了气体灭火系统，采用气体灭火控制器直接连接火灾探测器的控制方式，同时具有自动控制和手动控制功能。（详见火灾自动报警系统图及变配电房气体灭火系统图、平面图。）

4.3.5　防烟排烟系统的控制设计

防烟系统为正压送风系统，排烟系统为排风系统，二者的控制有相同处，也有不同处。防烟排烟系统的控制方式也包括联动控制和手动控制，其控制要求详见《火灾自动报警系统设计规范》GB 50116—2013 第 4.5 条规定。

本工程地下有正压送风机 4 台，排烟风机 5 台，屋顶两台正压送风机，两台排烟风机，风机均具有联动控制和手动控制，具体接线详见火灾自动报警系统图、平面图。

4.3.6　防火门及防火卷帘系统的控制设计

（1）防火门的控制

《火灾自动报警系统设计规范》GB 50116—2013 第 4.6.1 条规定防火门的控制主要是对于防火分区中采用的常开防火门在火灾时应能联动控制关闭。本工程未设置常开防火门，所以没有该方面设计。

（2）防火卷帘的控制

防火卷帘的升降应由防火卷帘控制器控制。防火卷帘的控制方式有联动控制和手动控制，对于防火卷帘设置的场所不同，其升降控制程序也有所不同。详见《火灾自动报警系统设计规范》GB 50116—2013 第 4.6.2～4.6.5 条。

本工程只在二层走廊靠大厅一侧设置有作为防火分隔的防火卷帘，其控制方式为非疏散通道上设置的防火卷帘的控制，其控制方式按照规范第 6.4.4 条和第 6.4.5 条，同时设计有联动控制和手动控制。

4.3.7　电梯的控制设计

电梯按功能分为消防电梯和普通电梯，二者的控制要求详见《火灾自动报警系统设计规范》GB 50116—2013 第 4.7 条。本工程有一台消防电梯，两台普通客梯。由消防联动控制器采用总线控制，应具有发出联动控制信号后强制所有电梯停于首层的功能。普通电梯停于首层后处于断电停止运行，消防电梯停于首层后不断电，可通过消防电梯内专用按钮继续运行，但只限于消防人员使用。电梯运行状态信息和停于首层或转换层的反馈信号，应传送给消防控制室显示。（具体见火灾自动报警系统图、平面图。）

4.3.8　火灾警报和消防应急广播系统的联动控制设计

（1）火灾自动警报器

火灾自动警报器是指设置在大楼中的火灾声光警报装置。其设置及联动控制详见《火

灾自动报警系统设计规范》GB 50116—2013第6.5条和第4.8条。

本大楼在每个楼层的楼梯口、消防电梯前室、建筑内部走廊以及适当的地方设置了火灾声光警报装置，由火灾报警控制器采用总线集中控制。（具体见火灾自动报警系统图、平面图。）

（2）消防应急广播。

消防应急广播系统的设置及联动控制详见《火灾自动报警系统设计规范》GB 50116—2013第3.2.3条、第6.6条和第4.8条。

本大楼在每个楼层的楼梯口、消防电梯前室、建筑内部走廊以及适当的地方设置了消防应急广播扬声器，在消防控制中心设置了消防广播柜，消防应急广播系统由火灾报警控制器采用总线集中控制，当确认火灾后，应同时向全楼进行广播。（具体见火灾自动报警系统图、平面图。）

4.3.9 消防应急照明和疏散指示系统的联动控制

消防应急照明和疏散指示系统的设置及联动控制设计详见《火灾自动报警系统设计规范》GB 50116—2013第4.9条和《民用建筑电气设计规范》JGJ 16—2008第13.8条、第13.9条规定。

火灾应急照明包括备用照明和疏散照明。备用照明是为消防作业及救援人员继续工作设置的照明。疏散照明为提供人员疏散的路线指示和安全出口指示标志以及疏散通道所需的照明。

本大楼在消防控制室、自备电源室、配电室、消防水泵房、防烟及排烟机房、电话总机房以及在火灾时仍需要坚持工作的其他房间设置了备用照明。在疏散楼梯间、防烟楼梯间前室、疏散通道、消防电梯间及其前室，合用前室等场所设置了疏散照明，同时按规范要求在相应位置设置了疏散指示标志。

本大楼消防应急照明配电在每个防火分区设置应急照明配电箱，电源采用两路电源供电，双回路在末端应急照明配电箱内自动切换。应急照明灯具还采用内附蓄电池灯具。控制方式为集中控制，由火灾报警控制器的消防联动控制器启动应急照明控制器实现。（具体见火灾自动报警系统图、平面图）。

4.3.10 相关联动控制设计

消防联动控制除上述内容外，还包括切断火灾区域及相关区域的非消防电源、自动打开涉及疏散的电动栅杆、打开疏散通道上由门禁系统控制的门和庭院电动大门、打开停车场出入口挡杆等功能（具体见《火灾自动报警系统设计规范》GB 50116—2013第4.10条）。

本大楼主要设计有联动切断火灾区域及相关区域的非消防电源，包括一般正常照明电源。（具体联动控制方式见火灾自动报警系统图、平面图。）

4.4 火灾自动报警系统供电及系统接地设计

4.4.1 系统供电设计

火灾自动报警系统供电电源应满足《火灾自动报警系统设计规范》GB 50116—2013第10.1条的规定。

本工程为一类高层综合楼，火灾自动报警系统负荷等级为一级，采用两路独立的交流电源供电，在消防中心末端配电箱自动切换，同时在消防控制中心设有一套由火灾报警控制器和消防联动控制器自带的 UPS 不间断供电电源，其输出功率大于火灾自动报警及联动控制系统全负荷功率的 1.2 倍，其容量保证火灾自动报警及联动控制系统在火灾状态同时工作负荷条件下连续工作 3h 以上。

4.4.2　系统接地设计

火灾自动报警系统的接地应满足《火灾自动报警系统设计规范》GB 50116—2013 第 10.2 条规定。

本工程采用建筑物钢筋混凝土基础作为大楼共用自然接地装置，因此综合接地电阻不应大于 1Ω。消防控制室内的电气和电子设备的金属外壳、机柜、机架和金属管、槽等，均采用等电位连接。由消防控制室等电位接地端子板引至各消防电子设备的专用接地线选用铜芯绝缘导线，其线芯截面面积大于 $4mm^2$。消防控制室等电位接地端子板采用线芯截面面积大于 $25mm^2$ 的铜芯绝缘导线与接地体之间连接。

4.5　火灾自动报警系统布线设计

火灾自动报警系统传输线路导线的电压等级、导体类型、线芯规格、敷设方式及要求等应满足《火灾自动报警系统设计规范》GB 50116—2013 第 11.1 条、11.2 条规定。

本工程火灾自动报警系统的供电线路、消防联动控制线路均采用耐火型铜芯电线电缆，报警总线、消防应急广播线和消防专用电话线等传输线路均采用阻燃或阻燃耐火型铜芯电线电缆，电压等级均为 450/750V。线路暗敷设时，均采用金属管、可挠（金属）电气导管，敷设在不燃烧体的结构层内，保护层厚度要求不小于 30mm。线路明敷设时，均采用金属管、可挠（金属）电气导管或金属封闭线槽保护，并做好防火处理。不同电压等级的线缆分开穿保护管敷设，当合用同一线槽或桥架时，线槽或桥架内设金属防火隔板分隔。

4.6　火灾自动报警系统施工图绘制

一般来说，火灾自动报警系统施工图应由设计说明、图例说明及主要设备材料表、火灾自动报警与联动控制系统图、火灾自动报警平面图以及相应的大样图组成。

设计说明　设计说明中一般包括工程概况（建筑面积、高度、建筑类型等）、设计依据（包括现行设计规范、选用的国家标准图集等）、报警系统形式及要求、报警设备选型、联动控制内容及要求、供电电源、线路选型及敷设等。（详见工程案例）

图例说明及主要设备材料表　图例说明及主要设备材料表中，应对本设计所用图形符号对应的设备、器件加以说明。设备材料表应统计主要的设备名称、型号规格（若不明确型号，应有功能及规格要求）、数量以及安装要求。（详见工程案例）

火灾自动报警系统图　火灾自动报警系统图是在火灾自动报警工程平面图的基础上采用标准图例符号绘制而成。系统图是表示整个火灾自动报警与联动控制系统的组成与连接情况，其内容应包括消防中心的设备类型、型号规格，每个防火分区的探测报警设备、警报设备、联动控制设备的类型、数量以及接线方式，连接导线的型号、规格、线数、敷设方式等。（详见工程案例中火灾自动报警系统图）

火灾自动报警平面图　火灾自动报警平面图依据建筑平面图绘制。平面图中应表达消防中心设备布置，探测器、手动报警按钮、消火栓按钮、水流指示器、报警阀、压力开关、流量开关、消防水泵控制柜、防排烟风机控制柜、防火阀、送风口、排风口、防火卷帘（门）控制箱、区域显示器、短路隔离器、声光警报器、消防广播、消防电话（电话插孔）、火灾时需切断的非消防电源箱（柜）、应急照明配电箱等火灾报警及联动控制设备在建筑平面图上的布置，报警与联动控制线路的布置与敷设等。（详见案例中火灾自动报警平面图）

小　　结

本章通过实际工程案例，讲述了火灾自动报警与消防联动控制系统的设计方法与工作工程。内容包括如何依据相关专业提供的工程条件和相关规范确定火灾自动报警保护方式，确定火灾探测器设置部位，划分探测区域和报警区域，确定消防中心（消防控制室），选择并布置系统设备与器件，绘制火灾自动报警系统工程施工图。

项目5　火灾自动报警与联动控制系统安装调试与检测

05.00.001 ⓒ
MOOC教学视频

【能力目标】

通过本项目的学习，了解火灾自动报警与联动控制系统安装、调试的施工内容、施工程序；了解消防设施检测标准、检测内容、检测程序；了解消防设施检测常用仪器仪表的类型及使用方法，测量结果的判定；掌握各类消防线路安装程序、安装方法、质量标准；掌握消防报警设备、器件安装方法、质量标准；掌握火灾自动报警与联动控制系统调试程序、调试方法、调试标准；掌握消防设施检测的内容、检测依据、检测标准、检测方法。

5.1　火灾自动报警与联动控制系统安装、调试

5.1.1　一般规定

火灾自动报警与联动控制系统的施工必须接受相关单位的管理，并满足我国消防规范相关要求。系统施工前需办理相关的审批及备案手续，系统完工后，应配合及接受当地消防质量检测中心的各种测试，系统交付使用前必须通过公安消防监督机构验收。

1. 施工质量控制要求

为确保消防设施施工安装质量，消防设施安装调试、技术检测应由具有相应等级资质的施工单位、消防技术服务机构承担。施工单位按照消防设计文件编写施工方案，以指导施工安装、控制施工质量。

（1）施工前准备

消防设施施工前，需要具备一定的技术、物质条件，以确保施工需求，保证施工质量。消防设施施工前需要具备下列基本条件：

1）经批准的消防设计文件以及其他技术资料齐全。

2）设计单位向建设、施工、监理单位进行技术交底，明确相应技术要求。

3）各类消防设施的设备、组件以及材料齐全，规格型号符合设计要求，能够保证正常施工。

4）经检查，与专业施工相关的基础、预埋件和预留孔洞等符合设计要求。

5）施工现场及施工中使用的水、电、气能够满足连续施工的要求。

消防设计文件包括消防设施设计施工图（平面图、系统图、施工详图、设备表、材料表等）图纸以及设计说明等；其他技术资料主要包括消防设施产品明细表、主要组件安装使用说明书及施工技术要求，各类消防设施的设备、组件以及材料等符合市场准入制度的有效证明文件和产品出厂合格证书，工程质量管理、检验制度等。

（2）施工过程质量控制

为确保施工质量，施工中要建立健全施工质量管理体系和工程质量检验制度，施工现

场配备必要的施工技术标准。消防设施施工过程质量控制按下列要求组织实施：

1）对到场的各类消防设施的设备、组件以及材料进行现场检查，经检查合格后方可用于施工。

2）各工序按照施工技术标准进行质量控制，每道工序完成后进行检查，经检查合格后方可进入下一道工序。

3）相关各专业工种之间交接时，进行检验认可，经监理工程师签证后，方可进行下一道工序。

4）消防设施安装完毕，施工单位按照相关专业调试规定进行调试。

5）调试结束后，施工单位向建设单位提供质量控制资料和各类消防设施施工过程质量检查记录。

6）监理工程师组织施工单位人员对消防设施施工过程进行质量检查；施工过程质量检查记录按照各消防设施施工及验收规范的要求填写。

7）施工过程质量控制资料按照相关消防设施施工及验收规范的要求填写、整理。

（3）施工安装质量问题处理

经消防设施现场检查、技术检测、竣工验收，消防设施的设备、组件以及材料存在产品质量问题或者施工安装质量问题，不能满足相关国家工程建设消防技术标准的，按照下列要求进行处理：

1）更换相关消防设施的设备、组件以及材料，进行施工返工处理，重新组织产品现场检查、技术检测或者竣工验收。

2）返修处理后，能够满足相关标准规定和使用要求的，按照经批准的处理技术方案和协议文件，重新组织现场检查、技术检测或者竣工验收。

3）返修或者更换相关消防设施的设备、组件以及材料的，经重新组织现场检查、技术检测、竣工验收，仍然不符合要求的，判定为现场检查、技术检测、竣工验收不合格。

4）未经现场检查合格的消防设施的设备、组件以及材料，不得用于施工安装；消防设施未经竣工验收合格的，其建设工程不得投入使用。

2. 消防设施现场检查

各类消防设施的设备、组件以及材料等采购到达施工现场后，施工单位组织实施现场检查。消防设施现场检查包括产品合法性检查、一致性检查以及产品质量检查。

（1）合法性检查

按照国家相关法律法规规定，消防产品按照国家或者行业标准生产，并经型式检验和出厂检验合格后，方可使用。消防产品合法性检查，重点查验其符合国家市场准入规定的相关合法性文件，以及出厂检验合格证明文件。

1）市场准入文件

到场检查重点查验下列市场准入文件：

① 纳入强制性产品认证的消防产品，查验其依法获得的强制认证证书。

② 新研制的尚未制定国家或者行业标准的消防产品，查验其依法获得的技术鉴定证书。

③ 目前尚未纳入强制性产品认证的非新产品类的消防产品，查验其经国家法定消防产品检验机构检验合格的型式检验报告。

④ 非消防产品类的管材管件以及其他设备查验其法定质量保证文件。

2）产品质量检验文件

到场检查重点查验下列消防产品质量检验文件：

① 查验所有消防产品的型式检验报告；其他相关产品的法定检验报告。

② 查验所有消防产品、管材、管件以及其他设备的出厂检验报告或者出厂合格证。

（2）一致性检查

消防产品一致性检查是防止使用假冒伪劣消防产品施工、降低消防设施施工安装质量的有效手段。消防产品到场后，根据消防设计文件、产品型式检验报告等，查验到场消防产品的铭牌标志、产品关键件和材料、产品特性等一致性程度。

消防产品一致性检查按照下列步骤及要求实施：

1）逐一登记到场的各类消防设施的设备及其组件名称、批次、规格型号、数量和生产厂名、地址和产地，与其设备清单、使用说明书等核对无误。

2）查验各类消防设施的设备及其组件的规格型号、组件配置及其数量、性能参数、生产厂名及其地址与产地，以及标志、外观、材料、产品实物等，与经国家消防产品法定检验机构检验合格的型式检验报告一致。

3）查验各类消防设施的设备及其组件规格型号，符合经法定机构批准或者备案的消防设计文件要求。

（3）产品质量检查

消防设施的设备及其组件、材料等产品质量检查主要包括外观检查、组件装配及其结构检查、基本功能试验以及灭火剂质量检测等内容。

1）火灾自动报警系统、火灾应急照明以及疏散指示系统的现场产品质量检查，重点对其设备及其组件进行外观检查。

2）水灭火系统（如消火栓系统、自动喷水灭火系统、水喷雾灭火系统、细水雾灭火系统、泡沫灭火系统等）的现场产品质量检查，重点对其设备、组件以及管件、管材的外观（尺寸）、组件结构及其操作性能进行检查，并对规定组件、管件、阀门等进行强度和严密性试验；泡沫灭火系统还需按照规定对灭火剂进行抽样检测。

3）气体灭火系统、干粉灭火系统除参照水灭火系统的检查要求进行现场产品质量检查外，还要对灭火剂储存容器的充装量、充装压力等进行检查。

4）防烟排烟设施的现场产品质量检查，重点检查风机、风管及其部件的外观（尺寸）、材料燃烧性能和操作性能；检查活动挡烟垂壁、自动排烟窗及其驱动装置、控制装置的外观、操控性能等。

5.1.2　火灾自动报警系统施工工序及要点

火灾自动报警系统施工工序如图 5-1 所示。

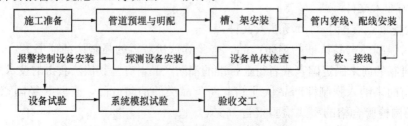

图 5-1　火灾自动报警系统施工工序

　　施工过程一般分为四个阶段：第一阶段为配合土建工程施工进行预留预埋（包括暗敷钢管）；第二阶段为管线安装及线路测试；第三阶段设备器件安装与接线；第四阶段进行静态模拟试验和各级控制系统调试。施工过程中，按实际情况，施工工序可以交叉进行，也可以同步进行。

5.1.3　火灾自动报警与联动控制系统线路安装

　　火灾自动报警与联动控制线路安装总的要求：

　　（1）消防用电设备应采用专用的供电回路，其配电设备应设有明显标志。其配电线路和控制回路宜按防火分区划分。

　　（2）消防用电设备的配电线路应满足火灾时连续供电的需要，其敷设应符合下列规定：

　　1）暗敷设时，应穿管并应敷设在不燃烧体结构内且保护层厚度不应小于 30mm；明敷设时，应穿有防火保护的金属管或有防火保护的封闭式金属线槽；

　　2）当采用阻燃或耐火电缆时，敷设在电缆井、电缆沟内可不采取防火保护措施；

　　3）当采用矿物绝缘类不燃性电缆时，可直接敷设；

　　4）宜与其他配电线路分开敷设；当敷设在同一井沟内时，宜分别布置在井沟的两侧。

　　火灾自动报警与联动控制线路施工程序如下：

　　施工图识读→布管→穿线→对线→导线连接→遥测绝缘

　　1. 施工图识读

　　图纸识读是第一步，也是最重要的一步。只有准确的理解图纸设计者的意思，知道"线路从什么地方来，到什么地方去"才能开展下一步工作；而在图纸上，报警设备、装置的安装位置及线路敷设方式等，都会详细的表示出来。

05.01.001
识读消防系统
工程施工系统图

　　识图顺序：看标题栏和图纸目录→看总说明→看系统图→看平面布置图→看安装接线图→看安装大样图→看设备材料表

　　施工图阅读方法：图纸识读时，首先必须熟悉火灾报警与联动系统图例符号，常用的火灾报警系统图例及文字符号可参见国家颁布的《火灾报警设备图形符号》GA/T 229—1999。

　　针对一套火灾自动报警与联动控制施工图，一般应先按以下顺序阅读，然后再对某部分内容进行重点识读。

　　① 看标题栏及图纸目录　了解工程名称、项目内容、设计日期及图纸内容、数量等。

　　② 看设计说明　了解工程概况、设计依据等，了解图纸中未能表达清楚的各有关事项。

　　③ 看设备材料表　了解工程中所使用的设备、材料的型号、规格和数量。

　　④ 看系统图　了解系统基本组成，主要报警设备、器件之间的连接关系以及它们的规格、型号、参数等，掌握该系统的组成概况。

　　⑤ 看平面布置图　了解报警设备的规格、型号、数量及各类线路的起始点、敷设部位、敷设方式和导线根数等。

　　⑥ 看联动控制原理图　了解系统中联动控制设备的电气自动控制原理，以指导设备安装调试工作。

　　⑦ 看安装接线图　了解报警系统的布置与接线。

⑧ 看安装大样图　了解设备的具体安装方法、安装部件的具体尺寸等。

2. 保护管或槽的安装

（1）管路暗敷设

05.01.002

暗配线布管方法

火灾自动报警与联动控制系统线路暗敷设时，一般采用金属线管。

在现浇混凝土柱内敷设管径不大于 φ20mm 的管子时，管子可在柱中间部位每隔 1m 处与主筋用箍筋绑扎，距离管进盒前绑扎点不宜大于 0.3m。配管管径较大时，管子应沿柱中心垂直通过。穿越柱平面的两相邻直角边时，应做成沿柱截面两中线呈 90°弯曲的穿越。

在现浇混凝土梁内垂直通过时，应在梁受剪力较小的部位，即梁的净跨度的1/3 中跨的区域内通过，可在土建施工缝处预理内径比配管外径粗的钢管做套管。管子（或套管）在梁内并列敷设时，管与管的间距不应小于 25mm。

现浇混凝土楼板管路暗敷设，根据建筑物内房间四周墙的厚度，弹十字线确定底盒的位置，将端接头、内锁母固定在盒子的管孔上，使用顶帽护口堵好管口，并堵好盒口，将盒子用铁钉和扎丝固定在模板上，跟着敷管、管路应敷设在弓筋的下面底筋的上面，管路每隔 1m 用钢丝绑扎到钢筋的内侧，多根管子并列敷设时，管子之间应有不小于 25mm 的间距。现浇楼板管路暗敷设见图 5-2。

管子在框架结构空心砖墙内水平敷设时，配管层可用普通砖砌筑，或者浇注一段砾石混凝土保护管子。卧砌空心砖时，管子由空心砖的空心洞中穿过。管子在空心砖墙内垂直敷设时，在管路经过处应改为局部使用普通砖立砌，或进行空心砖与砖之间的钢筋拉结，也可现浇一条垂直的混凝土带将管子保护起来。

在框架结构加气混凝土砌块隔墙内配管，剔槽宽不宜大于管外径加 15mm，槽深不应小于管外径加 30mm，每隔 0.5m 用钉子将管两侧绑线固定，用不小于 M10 水泥砂浆抹平沟槽，保护层厚度不应小于 30mm，在现浇混凝土楼板内配管，管路应在两层钢筋中间与混凝土表面距离不小于 30mm。管路应尽量不交叉，否则交叉点两根管子的外径之和比楼板的厚度小 40mm。墙体内管线剔槽暗敷见图 5-3。

（2）金属管或金属线槽明敷设

1）金属管明敷设

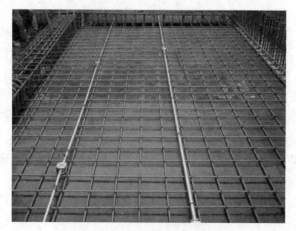

图 5-2　现浇楼板管路暗敷设

图 5-3　墙体内管线剔槽暗敷

火灾自动报警与联动控制系统线路明敷设时，应穿有防火保护的金属管或有防火保护的封闭式金属线槽；明敷于潮湿场所或埋地敷设的钢管布线，应采用水、煤气钢管。明敷或暗敷于干燥场所的钢管布线可采用电线管。明配钢管应排列整齐，固定点间距应均匀，钢管管卡间的最大距离应符合表5-1规定。管卡与终端、弯头中点、报警器具或盒（箱）边缘的距离宜为150～500mm。

管卡间最大距离　　　　　　　　　　　　　　　　　　表 5-1

敷设方式	导管种类	导管直径（mm）				
		15～20	25～32	32～40	50～65	65 以上
		管卡间最大距离（m）				
支架或沿墙明敷	壁厚＞2mm 刚性钢导管	1.5	2.0	2.5	2.5	3.5
	壁厚≤2mm 刚性钢导管	1.0	1.5	2.0	—	—

明配单根钢管可采用金属管卡固定，两根及以上配管并列敷设时，可用管卡子沿墙敷设或在吊架、支架上敷设。

明配钢管在管端部和弯曲处两侧也需要有管卡固定，不能用器具设备和盒（箱）来固定管端。明配管沿墙固定时，当管孔钻好后，放入塑料胀管，待管固定时，先将管卡的一端螺钉拧进一半，然后将管敷于管卡内，再将管卡用木螺钉拧牢固定，如图5-4所示。沿楼板下敷设固定时，应先固定一16mm×4mm的底板，在底板上用管卡子固定钢管，如图5-5所示。

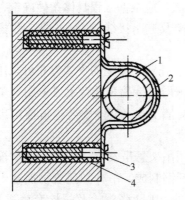

图 5-4　钢管沿墙敷设

1—钢管；2—管卡子；3—$\phi 4 \times (30 \sim$
40)mm 木螺钉；4—$\phi 6 \sim \phi 7$ 塑料胀管

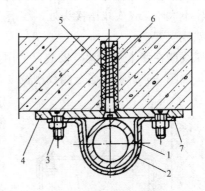

图 5-5　钢管沿楼板下敷设

1—钢管；2—管卡子；3—M4×10 沉头螺钉；
4—底板；5—$\phi 4 \times (30 \sim 40)$mm 木螺钉；
6—$\phi 6 \sim \phi 7$ 塑料胀管；7—焊点

明配钢管在拐角处敷设时，应该使用拐角盒，多根明管排列敷设时，在拐角处应使用中间接线箱进行连接，也可按管径的大小弯成排管敷设。所有管子应排列整齐，转弯部分应按同心圆弧的形式进行排列。

管与盒连接时，应在盒的内、外侧均套锁紧螺母与盒体固定。钢管管内壁除锈，可用圆形钢丝刷，两头各绑一根钢丝，来回拉动钢丝刷，把管内铁锈清除干净。管子外壁可用钢丝刷或电动除锈机除锈。

2）金属线槽的安装

05.01.003

桥架的安装

金属线槽在墙上安装时，可采用 8mm×35mm 半圆头木螺钉配塑料胀管。当线槽的宽度 b≤100mm，可采用一个胀管固定，如图 5-6（a）所示；若线槽的宽度 b>100mm，则用两个胀管并列固定，如图 5-6（b）所示。线槽在墙上固定点安装的固定点间距为 0.5m，每节线槽的固定点不应少于两个。线槽固定用的螺钉，紧固后其端部应与线槽内表面光滑相连，线槽槽底应紧贴墙面固定。线槽的连接应连续无间断，线槽接口应平直、严密，线槽在转角、分支处和端部均应有固定点。

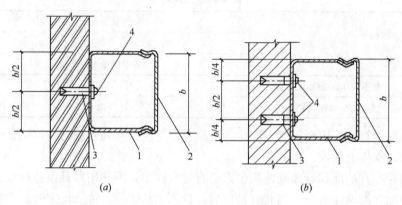

图 5-6　金属线槽在墙上安装

（a）单螺丝固定；（b）双螺丝固定

1—金属线槽；2—槽盖；3—塑料胀管；4—8mm×35mm 半圆头木螺钉

金属线槽用支吊架敷设时，吊点及支持点的距离，应根据工程具体条件确定，一般应在直线段不大于 3m 或线槽接头处、线槽首端、终端及进出接线盒 0.5m 处、线槽转角处设置吊架或支架。

金属线槽在墙上水平架空安装可使用托臂支承。托臂在墙上的安装方式可采用膨胀螺栓固定，如图 5-7 所示。当金属线槽宽度 b<100mm 时，线槽在托臂上可采用一个螺栓固定。线槽在墙上水平架空安装也可使用扁钢或角钢支架支承。

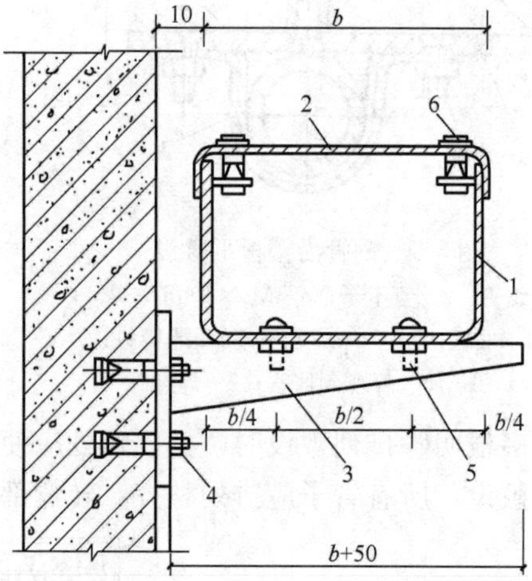

图 5-7　线槽在墙上水平架空安装

1—金属线槽；2—槽盖；3—托臂；

4—M10×85mm 膨胀螺栓；5—M8×30mm

螺栓；6—M5×20mm 螺栓

线槽用吊架悬吊安装，采用吊架卡箍吊装吊杆为 φ10 圆钢制成，吊杆和建筑物混凝土楼板或梁的固定可采用膨胀螺栓及螺栓套筒进行连接，如图 5-8 所示。吊杆也可以使用不小于 φ8 圆钢制作，圆钢上部焊接在 40mm×4mm 形扁钢上， 形扁钢上部用膨胀螺栓与建筑物结构固定。

在吊顶内安装时，吊杆可用膨胀螺栓与建筑结构固定。当与钢结构固定时，不允许进行焊接，将吊架直接吊在钢结构的指定位置处。也可以使用万能吊具与角钢、槽钢、工字钢等钢结构进行安装。金属线槽在吊顶下吊装时，吊杆应固定在吊顶的主龙骨上，不允许固定在副龙骨或辅助龙骨上。

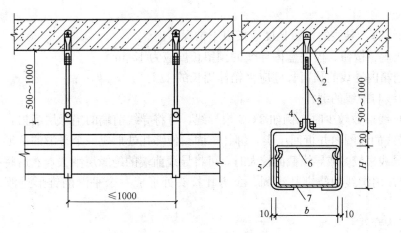

图 5-8　金属线槽用圆钢吊架安装

1—M10×85mm 膨胀螺栓；2—螺栓长筒；3—吊杆；4—M6×50mm 螺栓；
5—吊架卡箍；6—槽盖；7—金属线槽

线槽敷设应平直整齐，水平或垂直允许偏差为其长度的 2‰，且全长允许偏差为 20mm。并列安装时，槽盖应便于开启。

3. 穿线

施工步骤

选择导线→扫管→穿带线→放线与断线→导线与带线绑扎→管内穿线

（1）选线

1）应根据设计图纸规定选择导线。

2）信号线、广播线、电话线、24V 电源线等线颜色应加以区分。

（2）清扫管路

1）清扫管中的目的是清除管路中的灰尘、泥水等杂物。

2）清扫管路的方法：将布条的两端牢固的绑扎在带线上，两人来回拉动带线，将管内杂物清净。

（3）穿带线

穿带线的目的是检查管路是否畅通，管路的走向及盒、箱的位置是否符合设计及施工图的要求。

穿带线的方法：

1）带线一般均采用 $\phi 1.2 \sim 2.0$ 的钢丝，先将钢丝的一端弯成不封口的圆圈，再利用穿线器将带线穿入管路内，在管路的两端均应留有 10～15cm 的余量。

2）在管路转弯较多时，可以在敷设管路的同时将带线一并穿好。

3）穿带线受阻时，应用两根铁丝同时搅动，使两根钢丝的端头互相钩绞在一起，然后将带线拉出。

（4）放线及断线

1）放线：

①放线前应根据施工图对导线的规格，型号进行核对。

②放线时导线应置于放线架或放线车上。

2）断线：

剪断导线时，导线的预留长度应按以下情况考虑。

① 接线盒、按钮、模块盒内导线的预留长度应为15cm。

② 控制箱内导线的预留长度应为箱体周长的1/2。

（5）导线与带线的绑扎

1）当导线根数较少时，例如2～3根导线，可将导线前端的绝缘层削去，然后将线芯直接插入带线的盘圈内并折回压实，绑扎牢固。使绑扎处形成一个平滑的锥形过渡部位。

2）当导线根较多或导线截面较大时，可将导线前端的绝缘层削去，然后将线芯斜错排列在带线上，用绑线缠绕绑扎牢固。令绑扎接头处形成一个平滑的锥形过渡部位，便于穿线。

（6）管内穿线

1）钢管（电线管）在穿线前，应检查各个管口的护口是否整齐，如有遗漏和破损，均应补齐和更换。

2）当管路较长或转弯较多时，要在穿线的同时往管内吹入适量的滑石粉。

05.01.005

对线

3）两人穿线时，应配合协调，一拉一送。

4. 对线

对线的方法有很多，有常用的两人对线法、高效的单人对线法。

高效的单人对线法主要是借助一些对线仪、对线器、查线器等设备，可减少一个操作人员；这里我们介绍常用的双人对线法，主要借助万用表。

操作步骤：先选定一个已知的电线作为馈线用，用不知道的任意一根线与之短接，在电线的另一端，用数字万用表的通断档功能，将表笔的一端连接在已知电线的一头，表笔的另一端用于查线，当选到某一线时，万用表出现"嘟嘟"声音，该线就被选择出来了。

打线号，也就是给已经选择好了的电线作标记，常用的有套线管、线标管。套线管上可以打上线路编号。而线标管是事先做好，带数字的套管。

5. 导线连接

导线连接要求：

（1）导线接头要紧密、牢固不能增加导线的电阻值。

（2）导线接头受力时的机械强度不能低于原导线的机械强度。

（3）导线接头包缠绝缘强度不能低于原导线绝缘强度，连接要牢固、紧密、包扎要良好。

线路连接注意事项：

（1）焊接连接处的焊锡缝应饱满，表面光滑；焊剂应无腐蚀性，焊接后应清除残余焊剂。

（2）套管、接线鼻子和压线帽连接选用与导线线芯规格相匹配，压接时压接深度、压口数量和压接长度应符合产品技术文件的有关规定。

（3）剖开导线绝缘层时，不应损伤线芯；线芯连接后，绝缘带应包缠均匀紧密，在接线鼻子的根部与导线绝缘层间的空隙处，应采用绝缘带包缠严密。

6. 线路绝缘测试

线路检查：导线的连接及包扎全部完成后，应进行自检和互检，检查导线接头及包扎质量是否符合规范要求及质量标准的规定，检查无误后进行绝缘测试。绝缘电阻测试仪有数字式测试仪和手摇式测试仪两种。绝缘电阻测试仪见图 5-9。

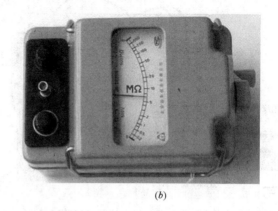

(a)　　　　　　　　　　　　　　(b)

图 5-9　绝缘电阻测试仪
(a) 数字式兆欧表；(b) 手摇式兆欧表

绝缘测试：用手摇式兆欧表进行绝缘摇测时，线路的绝缘摇测一般选用 500V 量程、

0~500MΩ 的绝缘电阻表。绝缘电阻表上有三个分别标有"接地（E）"、"线路（L）"和"保护环（C）"的端钮，可将被测两端分别接于"E"和"L"两个端钮上。测试时一人摇测，一人读数记录。摇动速度应保持在 120r/min 左右，读数

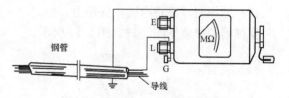

图 5-10　用手摇式兆欧表进行线路绝缘测试

应采用一分钟后的读数为宜。其对地绝缘电阻不小于 20MΩ。手摇式绝缘电阻测试仪测试线路绝缘电阻方法见图 5-10。用数字式兆欧表进行绝缘电阻测试时，开启电源开关"ON/OFF"，选择所需电压等级，开机默认为 500V 档，选择所需电压档位，对应指示灯亮，轻按一下高压"启停"键，高压指示灯亮，LCD 显示的稳定数值乘以 10 即为被测的绝缘电阻值。当试品的绝缘电阻值超过仪表量程的上限值时，显示屏首位显示"1"，后三位熄灭。关闭高压时只需再按一下高压"启停"键，关闭整机电源时按一下电源"ON/OFF"。测量绝缘电阻时，将"L"和"E"端接在任一组线头上进行。数字式兆欧表测线路绝缘电阻方法见图 5-11。

5.1.4　火灾自动报警与联动控制系统设备安装

1. 点型火灾探测器的安装

各生产厂家的产品大同小异，本章所选火灾自动报警与联动控制系统设备安装以海湾安全技术有限公司的产品为例。

05.01.006
典型感温火灾
探测器安装与测试

点型火灾探测器有光电感烟火灾探测器，感温探测器，复合式感烟感温探测器，紫外火焰探测器等，有编码系列和非编码系列之分。点型火灾探测器都是由底座和探头两部分组成，各种点型火灾探测器安装方式一样。探测器的固定主要是底座固定。探测器底座如图 5-12 所示，底座上有四个导体片，片上带接线端子，底座上不设固定位卡，便于调整探测器报警指示灯的方向。信号总线分别接在任意对角的两个接线端子上（不分极性），另一对导体片用来辅助固定探测器。

探测器安装步骤：

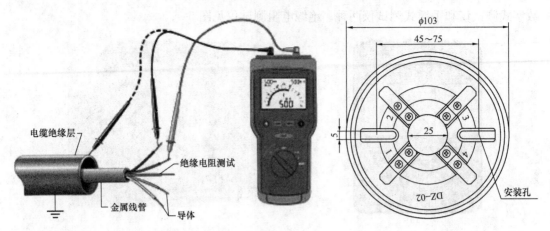

图 5-11　用数字式兆欧表进行线路绝缘测试　　　图 5-12　探测器底座结构示意图

（1）用螺钉通过底座安装孔把底座固定到预埋盒上。

（2）把信号线接到底座 1 和 3 端子或 2 和 4 端子上。

（3）把探测器旋转卡固在底座上。

探测器的安装见图 5-13、图 5-14 所示。

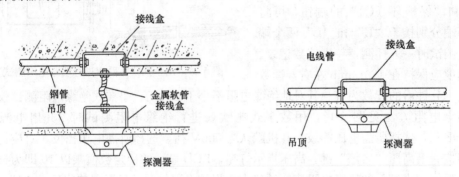

图 5-13　探测器在吊顶上安装

安装要求：

（1）探测器底座应固定牢固，其底座与外接导线连接必须可靠压接，不能焊接。

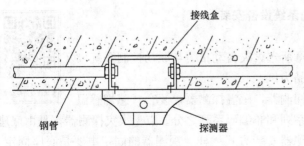

图 5-14　探测器在楼板上安装

（2）探测器底座穿线位置采用密封措施，防止潮气进入，影响绝缘。

（3）探测器底座的外接导线，应留有不小于 15cm 的余量。

（4）探测器的报警确认灯应面向便于人员观察的入口方向。

（5）探测器与灯具的水平距离应大于 0.2m；

（6）探测器至墙壁、梁边的水平距离，应大于 0.5m；

（7）探测器周围 0.5m 内，不应有遮挡；

（8）探测器至空调送风口边的水平距离，应大于 1.5m，并宜接近回风口安装；由于建筑需要，使得探测器离风口较近，应设法增加其他措施（如挡风板），以保证火灾早起阶段及时报警。

（9）在宽度小于 3m 的内走道顶棚上设置点型探测器时，宜居中布置。感温火灾探测器的安装间距不应超过 10m；感烟火灾探测器的安装间距不应超过 15m；探测器至端墙的距离，不应大于探测器安装间距的 1/2。

2. 线型光束感烟火灾探测器的安装

JTY-HM-GST102 型线型光束感烟火灾探测器为编码型反射式线型红外光束感烟探测器。探测器可直接与海湾安全技术有限公司生产的火灾报警控制器连接，通过总线完成二者之间状态信息传递。探测器必须与反射器配套使用，但需要根据二者间安装距离的不同决定使用一块或四块反射器。

将探测器与反射器相对安装在保护空间的两端且在同一水平直线上，其安装示意图如图 5-15 所示。探测器采用明装安装，安装方式有两种：穿线管预埋和穿线管明装。当穿线管预埋时，可将探测器底壳安装在 86H50 型预埋盒的上方；当穿线管明装时，采用支架安装方式，底壳安装孔距及支架安装孔尺寸如图 5-16 所示。

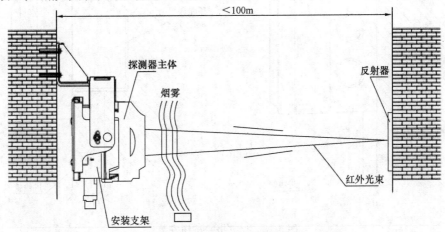

图 5-15 线型光束感烟火灾探测器安装示意图

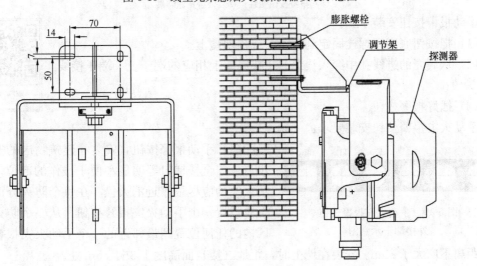

图 5-16 线型光束感烟火灾探测器安装支架尺寸图

当探测器与反射器间的安装距离≥8m（≤40m）时，需安装一块反射器。当探测器与反射器间的安装距离大于 40m（≤100m）时，需安装四块反射器。单块反射器用两只 φ6 塑料胀管将其固定。四块反射器安装时应摆放紧密，反射器之间不留空隙。

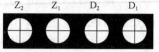

图 5-17　JTY-HM-GST102 型
线型光束感烟火灾探测器
接线端子示意图

探测器需与直流 24V 电源线（无极性）及火灾报警控制器信号总线（无极性）连接，直流 24V 电源线接探测器的接线端子 D_1、D_2 端子上，总线接探测器的接线端子 Z_1、Z_2 上，反射器不需接线。接线端子示意图如图 5-17 所示。

3. 手动报警按钮的安装

火灾报警按钮安装分进线管明装和进线管暗装两种方式，如图 5-18。

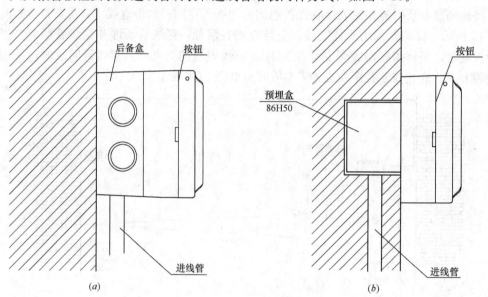

图 5-18　火灾报警按钮安装
(a) 报警按钮明装；(b) 报警按钮暗装

手动报警按钮安装步骤：

（1）把按钮底座用螺栓固定到后备盒或预埋盒上。

（2）从底壳的进线孔中穿入线缆并接在底座上相应的端子上。端子接线见图 5-19。

（3）插好报警按钮。

手动火灾报警按钮安装要求：

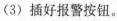

图 5-19　手动火灾报警按钮
外接端子示意图

（1）手动报警按钮宜安装在建筑物内的安全出口、安全楼梯口等明显和便于操作的部位，有消火栓的应尽量靠近消火栓。在每个防火分区应至少设置一个手动火灾报警按钮。从一个防火分区内的任何位置到最邻近的一个手动火灾报警按钮的距离不应大于 30m。安装在墙上时，距地（楼）面高度 1.3～1.5m 处。

（2）手动报警按钮，应安装牢固，并不得倾斜。

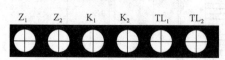

火灾手动报警
按钮安装与测试

（3）手动报警按钮的外接导线，应留有不小于15cm的余量，且在其端部应有明显标志。

4. 火灾声光报警器安装

声光报警器由前壳和后壳两部分组成，其安装效果如图5-20所示，其接线端子如图5-21所示，接线端子在后壳上，Z_1和Z_2是控制器信号总线接线端子，无极性；D_1和D_2是接DC24V电源的端子，无极性。

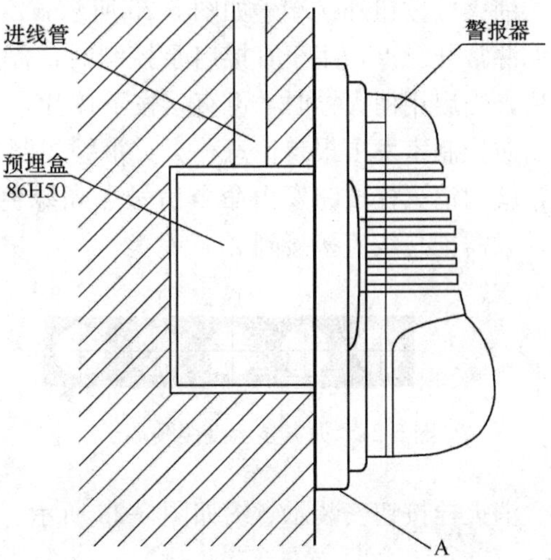

声光报警器安装步骤：

（1）用两个螺钉将警报器后壳固定在墙上的86H50型预埋盒上。

（2）从警报器后壳的进线孔中穿入电缆接在相应的端子上。

（3）将警报器前壳上部塞入警报器后壳，再将警报器前壳下方安放到警报器后壳中。

（4）拆卸时，用一字螺丝刀从警报器后壳下方"A"处缺口插入（如图5-20所示，此处外壳上有一小三角形标志），向下用力撬动，即可将警报器前壳拆下。

火灾声光报警器安装要求：

（1）安装应牢固可靠，表面不应有破损。

（2）应安装在安全出口附近明显处，距地面1.8m以上。光警报器与消防应急疏散指示标志不宜在同一面墙上，安装在同一面墙上时，距离应大于1m。

（3）在报警区域内均匀安装。

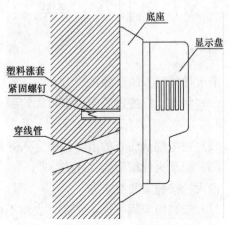

图5-20 火灾声光报警器安装示意图

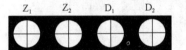

图5-21 火灾声光报警器接线
端子示意图

5. 火灾显示盘的安装

火灾显示盘配合专用安装底座采用壁挂式安装，其底座示意图如图5-22。

火灾显示盘与底座间可直接卡接，安装显示盘前可先将底座固定在墙壁上。火灾显示盘安装示意图如图5-23。

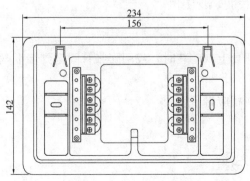

图5-22 火灾显示盘专用安装底座示意图

图5-23 火灾显示盘安装示意图

火灾显示盘接线端子示意图如图 5-24 所示，其中：

A、B：连接火灾报警控制器的通讯总线端子；

D_1、D_2：DC24V 电源线端子，不分极性；

⏚：接地线端子。

6. 消火栓按钮安装

消火栓按钮外接端子如图 5-25 所示，Z_1、Z_2 为无极性信号二总线接线端子，K_1、K_2 为无源常开触点，用于直接启泵控制时，需外接 24V 电源。该种消火栓按钮表面装有一按片，当启用消火栓时，可直接按下按片，此时消火栓按钮的红色启动指示灯亮，表明已向消防控制室发出报警信息，火灾报警控制器发出启泵命令并确认了消防水泵已启动运行后，就向消火栓按钮发出命令信号点亮绿色回答指示灯。这种启动方式为总线制启泵方式，只需把总线直接接到 Z_1、Z_2 上。

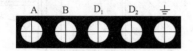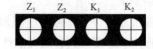

图 5-24　火灾显示盘接线端子示意图　　　图 5-25　消火栓按钮外接端子示意图

消火栓按钮安装示意图如图 5-26 所示。

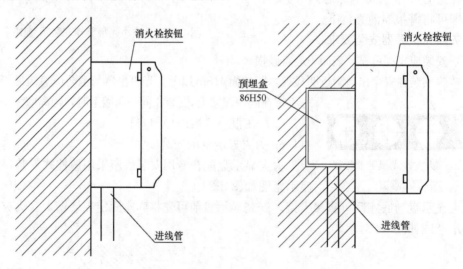

图 5-26　消火栓按钮安装示意图

消火栓按钮安装步骤：

（1）将消火栓按钮底壳用螺钉固定到预埋盒上（暗装时）或用膨胀管固定到墙上（明装时）。

（2）把电缆从底壳的敲落孔中穿入并接在相应端子上。

（3）把消火栓按钮插入底壳。

消火栓按钮安装要求：

（1）安装应牢固可靠，底壳、表面不应有破损。

（2）应安装在消火栓附近明显处或消火栓箱内，距地面 1.3～1.5m 高度。

（3）每个消火栓都应安装。

（4）各种线缆不要混淆。

7. 现场模块安装

火灾报警与联动控制系统的现场模块其外形大致一样，安装方法相同，只是接线不一样。

（1）GST-LD-8300 型输入模块安装

GST-LD-8300 型输入模块对外端子示意如图 5-27 所示。其中：

Z_1、Z_2：与控制器信号二总线连接的端子；

I、G：与设备的无源常开触点（设备动作闭合报警型）连接；也可通过电子编码器设置为常闭输入。

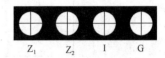

图 5-27　GST-LD-8300 型输入模块端子示意图

模块输入端如果设置为"常闭检线"状态输入，模块输入线末端（远离模块端）必须串联一个 4.7kΩ 的终端电阻；模块输入端如果设置为"常开检线"状态输入，模块输入线末端（远离模块端）必须并联一个 4.7kΩ 的终端电阻。

（2）GST-LD-8301 型输入/输出模块安装

此模块用于现场各种一次动作并有动作信号输出的被动型设备如：排烟阀、送风阀、防火阀等接入到控制总线上。

GST-LD-8301 模块的端子示意图如图 5-28 所示。其中：

Z_1、Z_2：接火灾报警控制器信号二总线，无极性；

D_1、D_2：DC24V 电源输入端子，无极性；

I、G：与被控制设备无源常开触点连接，用于实现设备动作回答确认（也可通过电子编码器设为常闭输入或自回答）；

COM、NO：无源常开输出端子（注意：此端子间有微弱检线电流）；

NG、S−、V+、G：留用。

图 5-28　GST-LD-8301 模块对端子示意图

GST-LD-8301 输入模块与现场设备的接线：

模块输入端如果设置为"常开检线"状态输入，模块输入线末端（远离模块端）必须并联一个 4.7kΩ 的终端电阻；模块输入端如果设置为"常闭检线"状态输入模块输入线末端（远离模块端）必须串联一个 4.7kΩ 的终端电阻。

（3）GST-LD-8302 型切换模块

GST-LD-8302 型切换模块专门用来与 GST-LD-8301 型模块配合使用，实现对现场大电流（直流）启动设备的控制及交流 220V 设备的转换控制，以防由于使用 GST-LD-8301 型模块直接控制设备造成将交流电源引入控制系统总线的危险。

本模块为非编码模块，不可直接与控制器总线连接，只能由 GST-LD-8301 模块控制。模块具有一对常开、常闭输出触点。

本切换模块的外形尺寸及结构示意图如图 5-29 所示。

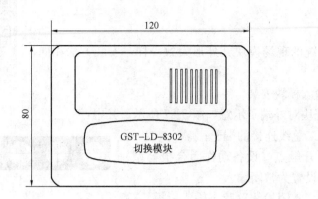

图 5-29　GST-LD-8302 型切换模块外形尺寸及结构示意图

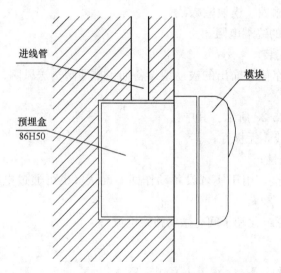

图 5-30　GST-LD-8302 型切换模块安装方法

本模块采用明装，当进线管预埋时，可将底盒安装在 86H50 型预埋盒上，安装方法如图 5-30 所示；当进线管明装时，采用 B-9310 型后备盒安装方式。底盒与上盖间采用拔插式结构安装，拆卸简单方便，便于调试维修。

底壳安装时应注意方向，底壳上标有安装向上标志（见图 5-31）。

对外端子示意图如图 5-32 所示，其中：

NC、COM、N0：常闭、常开控制触点输出端子；

0、G：有源 DC24V 控制信号输入端子，输入无极性。

（4）GST-LD-8303 型输入输出模块安装

部分防火卷帘控制器、电梯控制箱等设备因其采用比较器或逻辑电平类输入、启动电

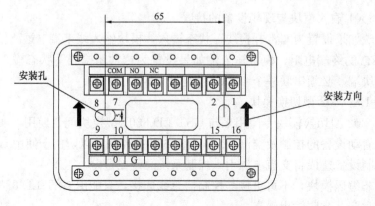

图 5-31　GST-LD-8302 型切换模块底壳安装示意图

流微小，容易受到线路或空间干扰产生误动作，不建议使用。如果必须使用，应参照被控设备的说明书在被控设备内并接电阻（一般可以在控制端和控制地间加 4.7kΩ 电阻）或在 GST-LD-8303 模块和被控设备间加中间继电器解决。

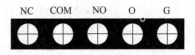

图 5-32　GST-LD-8302 型切换模块
对外端子示意图

GST-LD-8303 输入/输出模块是一种总线制控制接口，可用于完成对二步降防火卷帘门、水泵、排烟风机等双动作设备的控制。主要用于防火卷帘门的位置控制，能控制其从上位到中位，也能控制其从中位到下位，同时也能确认防火卷帘门是处于上、中、下的哪一位。该模块也可作为两个独立的 GST-LD-8301 输入/输出模块使用。

GST-LD-8303 输入/输出模块具有两个编码地址，两个编码地址连续，最大编码为 242，可接收来自控制器的二次不同动作的命令，具有二次不同控制输出和确认二个不同输入回答信号的功能。此模块所需输入信号为常开开关信号，一旦开关信号动作 GST-LD-8303 将此开关信号通过联动总线送入控制器，联动控制器产生报警并显示出动作设备的地址号。当模块本身出现故障时，控制器也将产生报警并将模块编号显示出来。本模块具有两对常开、常闭触点及两组有源输出，输入、输出具有检线功能。

GST-LD-8303 模块的编码方式为电子编码，在编入一个编码地址后，另一个编码地址自动生成为：编码地址＋1。该编码方式简便快捷，现场编码时使用海湾公司生产的 GST-BMQ-2 型电子编码器进行。

模块的外形尺寸及结构示意图如图 5-33 所示。

模块的安装方法与 GST-LD-8300 输入模块相同，其对外端子示意图如图 5-34，其中：

Z_1、Z_2：接火灾报警控制器信号二总线，无极性；

D_1、D_2：DC24V 电源输入端，无极性；

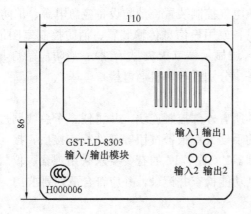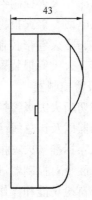

图 5-33　GST-LD-8303 模块外形尺寸及结构示意图

$I1$、G：第一路无源输入端（可通过电子编码器设为常开检线、常闭检线、自回答方式）；

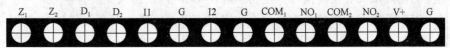

图 5-34　GST-LD-8303 输入/输出模块对外端子示意图

I2、G：第二路无源输入端（可通过电子编码器设为常开检线、常闭检线、自回答方式）；

COM$_1$、NO$_1$：第一路无源输出触点；

COM$_2$、NO$_2$：第二路无源输出触点；

V+、G：DC24V 输出端子，输出容量为 DC24V/1A。

（5）GST-LD-8313 型隔离器安装

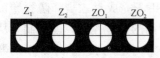

图 5-35　GST-LD-8313 型
隔离器端子示意图

隔离器的外形尺寸及结构与 GST-LD-830 输入模块相同，安装方法也相同，一般安装在总线的分支处，可直接串联在总线上，其端子示意图如图 5-35，其中：

Z$_1$、Z$_2$：无极性信号二总线输入端子；

ZO$_1$、ZO$_2$：无极性信号二总线输出端子，动作电流为 100mA。

模块安装要求：

1）同一报警区域内的模块宜集中安装在金属箱内。

2）模块（或金属箱）应独立支撑或固定，安装牢固，并应采取防潮、防腐蚀等措施。

3）模块的连接导线应留有不小于 150mm 的余量，其端部应有明显标志。

4）隐蔽安装时，在安装处应有明显的部位显示和检修孔。

5.1.5　火灾自动报警及联动控制系统的调试

系统调试前，应按设计文件要求对设备的规格、型号、数量、备品备件等进行查验；应按相应的施工要求对系统的施工质量进行检查，对属于施工中出现的问题，应会同有关单位协商解决，并应有文字记录；应按相应的施工要求对系统线路进行检查，对于错线、开路、虚焊、短路、绝缘电阻小于 20MΩ 等问题，应采取相应的处理措施。

05.01.012 ▶
火灾报警系统
的联动调试

对系统中的火灾报警控制器、消防联动控制器、可燃气体报警控制器、电气火灾监控器、气体（泡沫）灭火控制器、消防电气控制装置、消防设备应急电源、消防应急广播设备、消防专用电话、火灾报警传输设备或用户信息传输装置、消防控制室图形显示装置、消防电动装置、防火卷帘控制器、区域显示器（火灾显示盘）、消防应急灯具控制装置、防火门监控器、火灾警报装置等设备应分别进行单机通电检查。

1. 火灾报警控制器

调试前应切断火灾报警控制器的所有外部控制连线，并将任一个总线回路的火灾探测器以及该总线回路上的手动火灾报警按钮等部件相连接后，接通电源。按国家标准《火灾报警控制器》GB 4717 的有关要求采用观察、仪表测量等方法逐个对控制器进行下列功能检查并记录，并应符合下列要求：

05.01.014 ▶
火灾自动报警
系统的联动编程

（1）检查自检功能和操作级别。

（2）使控制器与探测器之间的连线断路和短路，控制器应在 100s 内发出故障信号（短路时发出火灾报警信号除外）；在故障状态下，使任一非故障部位的探测器发出火灾报警信号，控制器应在 1min 内发出火灾报警信号，并应记录火灾报警时间；再使其他探测器发出火灾报警信号，检查控制器的再次报警功能。

05.01.013 ▶
火灾报警控制器
的调试

（3）检查消音和复位功能。

（4）使控制器与备用电源之间的连线断路和短路，控制器应在100s内发出故障信号。

（5）检查屏蔽功能。

（6）使总线隔离器保护范围内的任一点短路，检查总线隔离器的隔离保护功能。

（7）使任一总线回路上不少于10只的火灾探测器同时处于火灾报警状态，检查控制器的负载功能。

（8）检查主、备电源的自动转换功能，并在备电工作状态下重复本条第（7）款检查。

（9）检查控制器特有的其他功能。

（10）依次将其他回路与火灾报警控制器相连接，重复检查。

2. 点型感烟、感温火灾探测器

（1）采用专用的检测仪器或模拟火灾的方法，逐个检查每只火灾探测器的报警功能，探测器应能发出火灾报警信号。对于不可恢复的火灾探测器应采取模拟报警方法逐个检查其报警功能，探测器应能发出火灾报警信号。当有备品时，可抽样检查其报警功能。

（2）采用专用的检测仪器、模拟火灾或按下探测器报警测试按键的方法，逐个检查每只家用火灾探测器的报警功能，探测器应能发出声光报警信号，与其连接的互联型探测器应发出声报警信号。

3. 线型感温火灾探测器

在不可恢复的探测器上模拟火警和故障，逐个检查每只火灾探测器的火灾报警和故障报警功能，探测器应能分别发出火灾报警和故障信号。可恢复的探测器可采用专用检测仪器或模拟火灾的办法使其发出火灾报警信号，并模拟故障，逐个检查每只火灾探测器的火灾报警和故障报警功能，探测器应能分别发出火灾报警和故障信号。

4. 线型光束感烟火灾探测器

逐一调整探测器的光路调节装置，使探测器处于正常监视状态，用减光率为0.9dB的减光片遮挡光路，探测器不应发出火灾报警信号；用产品生产企业设定减光率（1.0～10.0dB）的减光片遮挡光路，探测器应发出火灾报警信号；用减光率为11.5dB的减光片遮挡光路，探测器应发出故障信号或火灾报警信号。选择反射式探测器时，在探测器正前方0.5m处按上述要求进行检查，探测器应正确响应。

5. 管路采样式吸气感烟火灾探测器

逐一在采样管最末端（最不利处）采样孔加入试验烟，采用秒表测量探测器的报警响应时间，探测器或其控制装置应在120s内发出火灾报警信号。根据产品说明书，改变探测器的采样管路气流，使探测器处于故障状态，采用秒表测量探测器的报警响应时间，探测器或其控制装置应在100s内发出故障信号。

6. 点型火焰探测器和图像型火灾探测器

采用专用检测仪器或模拟火灾的方法逐一在探测器监视区域内最不利处检查探测器的报警功能，探测器应能正确响应。

7. 手动火灾报警按钮

对可恢复的手动火灾报警按钮，施加适当的推力使报警按钮动作，报警按钮应发出火灾报警信号。对不可恢复的手动火灾报警按钮应采用模拟动作的方法使报警按钮动作（当有备用启动零件时，可抽样进行动作试验），报警按钮应发出火灾报警信号。

8. 消防联动控制器

（1）调试准备

消防联动控制器调试时，在接通电源前应按以下顺序做准备工作：

1）将消防联动控制器与火灾报警控制器相连；

2）将消防联动控制器与任意备调回路的输入/输出模块相连；

3）将备调回路模块与其控制的消防电气控制装置相连；

4）切断水泵、风机等各受控现场设备的控制连线。

（2）调试要求

1）使消防联动控制器分别处于自动工作和手动工作状态，检查其状态显示，并按现行国家标准《消防联动控制系统》GB 16806 的有关要求，采用观察、仪表测量等方法逐个对控制器进行下列功能检查并记录：

① 自检功能和操作级别；

② 消防联动控制器与各模块之间的连线断路和短路时，消防联动控制器能在 100s 内发出故障信号；

③ 消防联动控制器与备用电源之间的连线断路和短路时，消防联动控制器应能在 100s 内发出故障信号；

④ 检查消声、复位功能；

⑤ 检查屏蔽功能；

⑥ 使总线隔离器保护范围内的任一点短路，检查总线隔离器的隔离保护功能；

⑦ 使至少 50 个输入/输出模块同时处于动作状态（模块总数少于 50 个时，使所有模块动作），检查消防联动控制器的最大负载功能；

⑧ 检查主、备电源的自动转换功能，并在备电工作状态下重复第⑦项检查。

2）接通所有启动后可以恢复的受控现场设备。

3）使消防联动控制器处于自动状态，按现行国家标准《火灾自动报警系统设计规范》GB 50116 要求设计的联动逻辑关系进行下列功能检查：

① 按设计的联动逻辑关系，使相应的火灾探测器发出火灾报警信号，检查消防联动控制器接收火灾报警信号情况、发出联动控制信号情况、模块动作情况、消防电气控制装置的动作情况、受控现场设备动作情况、接收联动反馈信号（对于启动后不能恢复的受控现场设备，可模拟现场设备联动反馈信号）及各种显示情况；

② 检查手动插入优先功能。

4）使消防联动控制器处于手动状态，按现行国家标准《火灾自动报警系统设计规范》GB 50116 要求设计的联动逻辑关系依次手动启动相应的消防电气控制装置，检查消防联动控制器发出联动控制信号情况、模块动作情况、消防电气控制装置的动作情况、受控现场设备动作情况、接收联动反馈信号（对于启动后不能恢复的受控现场设备，可模拟现场设备启动反馈信号）及各种显示情况。

5）对于直接用火灾探测器作为触发器件的自动灭火系统除符合本节有关规定，还应按现行国家标准《火灾自动报警系统设计规范》GB 50116 的规定进行功能检查。

6）依次将其他备调回路的输入/输出模块及该回路模块控制的消防电气控制装置相连接，切断所有受控现场设备的控制连线，接通电源，重复 1）～4）项检查。

9. 区域显示器（火灾显示盘）

将区域显示器（火灾显示盘）与火灾报警控制器相连接，按现行国家标准《火灾显示盘通用技术条件》GB 17429 的有关要求，采用观察、仪表测量等方法逐个对区域显示器（火灾显示盘）进行下列功能检查并记录：

（1）区域显示器（火灾显示盘）应在 3s 内正确接收和显示火灾报警控制器发出的火灾报警信号。

（2）消音、复位功能。

（3）操作级别。

（4）对于非火灾报警控制器供电的区域显示器（火灾显示盘），应检查主、备电源的自动转换功能和故障报警功能。

10. 消防专用电话

按现行国家标准《消防联动控制系统》GB 16806 的有关要求，采用观察、仪表测量等方法逐个对消防专用电话进行下列功能检查并记录：

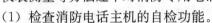

（1）检查消防电话主机的自检功能。

（2）使消防电话总机与消防电话分机或消防电话插孔间连接线断线、短路，消防电话主机应在 100s 内发出故障信号，并显示出故障部位（短路时显示通话状态除外）；故障期间，非故障消防电话分机应能与消防电话总机正常通话。

（3）检查消防电话主机的消音和复位功能。

（4）在消防控制室与所有消防电话、电话插孔之间互相呼叫与通话；总机应能显示每部分机或电话插孔的位置，呼叫音和通话语音应清晰。

（5）消防控制室的外线电话与另外一部外线电话模拟报警电话通话，语音应清晰。

（6）检查消防电话主机的群呼、录音、记录和显示等功能，各项功能均应符合要求。

11. 消防应急广播

（1）按现行国家标准《消防联动控制系统》GB 16806 的有关要求，采用观察、仪表测量等方法逐个对消防应急广播进行下列功能检查并记录：

1）检查消防应急广播控制设备的自检功能；

2）使消防应急广播控制设备与扬声器间的广播信息传输线路断路、短路，消防应急广播控制设备应在 100s 内发出故障信号，并显示出故障部位；

3）将所有共用扬声器强行切换至应急广播状态，对扩音机进行全负荷试验，应急广播的语音应清晰，声压级应满足要求；

4）检查消防应急广播控制设备的监听、显示、预设广播信息、通过传声器广播及录音功能；

5）检查消防应急广播控制设备的主、备电源的自动转换功能。

（2）每回路任意抽取一个扬声器，使其处于断路状态，其他扬声器的工作状态不应受影响。

12. 火灾声光警报器

逐一将火灾声光警报器与火灾报警控制器相连，接通电源。操作火灾报警控制器使火灾声光警报器启动，采用仪表测量其声压级，非住宅内使用室内型和室外型火灾声警报器的声信号至少在一个方向上 3m 处的声压级（A 计权）应不小于 75dB，且在任意方向上 3m 处的声压级（A 计权）应不大于 120dB。具有两种及以上不同音调的火灾声警报器，其每种音调应有明显区别。火灾光警报器的光信号在 100～500lx 环境光线下，25m 处应清晰可见。

13. 传输设备（火灾报警传输设备或用户信息传输装置）

将传输设备与火灾报警控制器相连，接通电源。按现行国家标准《消防联动控制系统》GB 16806 的有关要求，采用观察、仪表测量等方法逐个对传输设备进行下列功能检查并记录，传输设备应满足标准要求：

（1）检查自检功能；

（2）切断传输设备与监控中心间的通信线路（或信道），传输设备应在 100s 内发出故障信号；

（3）检查消音和复位功能；

（4）检查火灾报警信息的接收与传输功能；

（5）检查监管报警信息的接收与传输功能；

（6）检查故障报警信息的接收与传输功能；

（7）检查屏蔽信息的接收与传输功能；

（8）检查手动报警功能；

（9）检查主、备电源的自动转换功能。

14. 消防控制室图形显示装置

将消防控制中心图形显示装置与火灾报警控制器和消防联动控制器相连，接通电源按现行国家标准《消防联动控制系统》GB 16806 的有关要求，采用观察、仪表测量等方法逐个对消防控制室图形显示装置进行下列功能检查并记录，消防控制室图形显示装置应满足标准要求：

（1）操作显示装置使其显示建筑总平面布局图、各层平面图和系统图，图中应明确标示出报警区域、疏散路线、主要部位，显示各消防设备（设施）的名称、物理位置和状态信息；

（2）使消防控制室图形显示装置与控制器及其他消防设备（设施）之间的通信线路断路、短路，消防控制室图形显示装置应在 100s 内发出故障信号；

（3）检查消声和复位功能；

（4）使火灾报警控制器和消防联动控制器分别发出火灾报警信号和联动控制信号，显示装置应在 3s 内接收，并准确显示相应信号的物理位置，且能优先显示火灾报警信号相对应的界面；

（5）使具有多个报警平面图的显示装置处于多报警平面显示状态，各报警平面应能自动和手动查询，并应有总数显示，且应能手动插入使其立即显示火警相应的报警平面图；

（6）使火灾报警控制器和消防联动控制器分别发出故障信号，消防控制室图形显示装置应能在 100s 内显示故障状态信息，然后输入火灾报警信号，显示装置应能立即转入火灾报警平面的显示；

（7）检查消防控制室图形显示装置的信息记录功能；

（8）检查消防控制室图形显示装置的信息传输功能。

15. 气体（泡沫）灭火控制器

切断驱动部件与气体（泡沫）灭火装置间的连接，接通系统电源。按现行国家标准《消防联动控制系统》GB 16806 的有关要求，采用观察、仪表测量等方法逐个对气体（泡沫）灭火控制器进行下列功能检查并记录，气体（泡沫）灭火控制器应满足标准要求：

（1）检查自检功能。

（2）使气体（泡沫）灭火控制器与声光报警器、驱动部件、现场启动和停止按键（按钮）之间的连接线断路、短路，气体灭火控制器应在 100s 内发出故障信号。

（3）使气体（泡沫）灭火控制器与备用电源之间的连线断路、短路，气体（泡沫）灭火控制器应能在 100s 内发出故障信号。

（4）检查消音和复位功能。

（5）给气体（泡沫）灭火控制器输入设定的启动控制信号，控制器应有启动输出，并发出声、光启动信号。

（6）输入启动模拟反馈信号，控制器应在 10s 内接收并显示。

（7）检查控制器的延时功能，设定的延时时间应符合设计要求。

（8）使控制器处于自动控制状态，再手动插入操作，手动插入操作应优先。

（9）按设计的联动逻辑关系，使消防联动控制器发出相应的联动控制信号，检查气体（泡沫）灭火控制器的控制输出是否满足设计的逻辑功能要求。

（10）检查气体（泡沫）灭火控制器向消防联动控制器输出的启动控制信号、延时信号、启动喷洒控制信号、气体喷洒信号、故障信号、选择阀和瓶头阀动作信息。

（11）检查主、备电源的自动转换功能。

16. 防火卷帘控制器

逐个将防火卷帘控制器与消防联动控制器、火灾探测器、卷门机连接并通电，手动操作防火卷帘控制器的按钮，防火卷帘控制器应能向消防联动控制器发出防火卷帘启、闭和停止的反馈信号。

用于疏散通道的防火卷帘控制器应具有两步关闭的功能，并应向消防联动控制器发出反馈信号。防火卷帘控制器接收到首次火灾报警信号后，应能控制防火卷帘自动关闭到中位处停止；接收到二次报警信号后，应能控制防火卷帘继续关闭至全闭状态。

用于分隔防火分区的防火卷帘控制器在接收到防火分区内任意火灾报警信号后，应能控制防火卷帘到全关闭状态，并应向消防联动控制器发出反馈信号。

17. 防火门监控器

逐个将防火门监控器与火灾报警控制器、闭门器和释放器连接并通电，手动操作防火门监控器，应能直接控制与其连接的每个释放器的工作状态，并点亮其启动总指示灯、显示释放器的反馈信号。

使火灾报警控制器发出火灾报警信号，监控器应能接收来自火灾自动报警系统的火灾报警信号，并在 30s 内向释放器发出启动信号，点亮启动总指示灯，接收释放器（或门磁开关）的反馈信号。

检查防火门监控器的故障状态总指示灯，使防火门处于半开闭状态时，该指示灯应点亮并发出声光报警信号，采用仪表测量声信号的声压级（正前方 1m 处），应在 65～85dB 之间，故障声信号每分钟至少提示 1 次，每次持续时间应在 1～3s 之间。

检查防火门监控器主、备电源的自动转换功能，主、备电源的工作状态应有指示，主、备电源的转换应不使监控器发生误动作。

18. 系统备用电源

按照设计文件的要求核对系统中各种控制装置使用的备用电源容量，电源容量应与设计容量相符。使各备用电源放电终止，再充电 48h 后断开设备主电源，备用电源至少应保证设备工作 8h，且应满足相应的标准及设计要求。

19. 消防设备应急电源

切断应急电源应急输出时直接启动设备的连线，接通应急电源的主电源。按下列要求采用仪表测量、观察方法检查应急电源的控制功能和转换功能，其输入电压、输出电压、输出电流、主电工作状态、应急工作状态、电池组及各单节电池电压的显示情况，并做好记录，显示情况应与产品使用说明书规定相符，并满足以下要求：

（1）手动启动应急电源输出，应急电源的主电和备用电源应不能同时输出，且应在 5s 内完成应急转换。

（2）手动停止应急电源的输出，应急电源应恢复到启动前的工作状态。

（3）断开应急电源的主电源，应急电源应能发出声提示信号，声信号应能手动消除；接通主电源，应急电源应恢复到主电工作状态。

（4）给具有联动自动控制功能的应急电源输入联动启动信号，应急电源应在 5s 内转入到应急工作状态，且主电源和备用电源应不能同时输出；输入联动停止信号，应急电源应恢复到主电工作状态。

（5）具有手动和自动控制功能的应急电源处于自动控制状态，然后手动插入操作，应急电源应有手动插入优先功能，且应有自动控制状态和手动控制状态指示。

（6）断开应急电源的负载，按下列要求检查应急电源的保护功能，并做好记录。

1）使任一输出回路保护动作，其他回路输出电压应正常；

2）使配接三相交流负载输出的应急电源的三相负载回路中的任一相停止输出，应急电源应能自动停止该回路的其他两相输出，并应发出声、光故障信号；

3）使配接单相交流负载的交流三相输出应急电源输出的任一相停止输出，其他两相应能正常工作，并应发出声、光故障信号。

（7）将应急电源接上等效于满负载的模拟负载，使其处于应急工作状态，应急工作时间应大于设计应急工作时间的 1.5 倍，且不小于产品标称的应急工作时间。

（8）使应急电源充电回路与电池之间、电池与电池之间连线断线，应急电源应在 100s 内发出声、光故障信号，声故障信号应能手动消除。

20. 可燃气体报警控制器

切断可燃气体报警控制器的所有外部控制连线，将任一回路与控制器相连接后，接通电源。按现行国家标准《可燃气体报警控制器技术要求及试验方法》GB 16808 的有关要求，采用观察、仪表测量等方法逐个对可燃气体报警控制器进行下列功能检查并记录，可燃气体报警控制器应满足标准要求：

（1）自检功能和操作级别。

（2）控制器与探测器之间的连线断路和短路时，控制器应在 100s 内发出故障信号。

（3）在故障状态下，使任一非故障探测器发出报警信号，控制器应在 1min 内发出报警信号，并应记录报警时间；再使其他探测器发出报警信号，检查控制器的再次报警功能。

（4）消声和复位功能。

（5）控制器与备用电源之间的连线断路和短路时，控制器应在100s内发出故障信号。

（6）高限报警或低、高两段报警功能。

（7）报警设定值的显示功能。

（8）控制器最大负载功能，使至少4只可燃气体探测器同时处于报警状态（探测器总数少于4只时，使所有探测器均处于报警状态）。

（9）主、备电源的自动转换功能，并在备电工作状态下重复本条第8款的检查。

（10）依次将其他回路与可燃气体报警控制器相连接重复本条第2～8款的检查。

21. 可燃气体探测器

依次逐个对探测器施加达到响应浓度值的可燃气体标准样气，采用秒表测量、观察方法检查探测器的报警功能，探测器应在30s内响应；撤去可燃气体，探测器应在60s内恢复到正常监视状态。对于线型可燃气体探测器除按要求检查报警功能外，还应将发射器发出的光全部遮挡，采用秒表测量、观察方法检查探测器的故障报警功能，探测器相应的控制装置应在100s内发出故障信号。

22. 电气火灾监控器

切断监控设备的所有外部控制连线，将任意备调总线回路的电气火灾探测器与电气火灾监控器相连，接通电源。按现行国家标准《电气火灾监控设备》GB 14287.1—2014的有关要求，采用观察、仪表测量等方法逐个对电气火灾监控器进行下列功能检查并记录，电气火灾监控器应满足标准要求：

（1）检查自检功能和操作级别。

（2）使监控器与探测器之间的连线断路和短路，监控器应在100s内发出故障信号（短路时发出报警信号除外）；在故障状态下，使任一非故障部位的探测器发出报警信号，控制器应在1min内发出报警信号；再使其他探测器发出报警信号，检查监控器的再次报警功能。

（3）检查消音和复位功能。

（4）使监控器与备用电源之间的连线断路和短路，监控器应在100s内发出故障信号。

（5）检查屏蔽功能。

（6）检查主、备电源的自动转换功能。

（7）检查监控器特有的其他功能。

（8）依次将其他备调回路与监控器相连接，重复本条第2～5款检查。

23. 电气火灾监控探测器

（1）按现行国家标准《剩余电流式电气火灾监控探测器》GB 14287.2—2014的有关要求，采用观察方法逐个对电气火灾监控探测器进行下列功能检查并记录，电气火灾监控探测器应满足标准要求：

1）采用剩余电流发生器对监控探测器施加剩余电流，检查其报警功能；

2）检查监控探测器特有的其他功能。

（2）按现行国家标准《测温式电气火灾监控探测器》GB 14287.3—2014的有关要求，采用观察方法逐个对电气火灾监控探测器进行下列功能检查并记录，电气火灾监控探测器应满足标准要求：

1）采用发热试验装置给监控探测器加热，检查其报警功能；

2）检查监控探测器特有的其他功能。

24. 其他受控部件

系统内其他受控部件的调试应按相应的国家标准或行业标准进行，在无相应标准时，宜按产品生产企业提供的调试方法分别进行。

25. 火灾自动报警系统性能

将所有经调试合格的各项设备、系统按设计连接组成完整的火灾自动报警系统，按设计文件的要求，采用观察方法检查系统的各项功能。

（1）自动喷水灭火系统、水喷雾灭火系统、泵组式细水雾灭火系统的显示要求

1）显示消防水泵电源的工作状态；

2）显示消防水泵（稳压或增压泵）的启、停状态和故障状态，水流指示器、信号阀、报警阀、压力开关等设备的正常工作状态和动作状态，消防水箱（池）最低水位信息和管网最低压力报警信息；

3）显示消防水泵的联动反馈信号。

（2）消火栓系统的显示要求

1）显示消防水泵电源的工作状态；

2）显示消防水泵（稳压或增压泵）的启、停状态和故障状态，消火栓按钮的正常工作状态和动作状态及位置等信息、消防水箱（池）最低水位信息和管网最低压力报警信息；

3）显示消防水泵的联动反馈信号。

（3）气体灭火系统的显示要求

1）显示系统的手动、自动工作状态及故障状态；

2）显示系统的驱动装置的正常工作状态和动作状态，防护区域中的防火门（窗）、防火阀、通风空调等设备的正常工作状态和动作状态；

3）显示延时状态信号、紧急停止信号和管网压力信号。

（4）泡沫灭火系统的显示要求

1）显示消防水泵、泡沫液泵电源的工作状态；

2）显示系统的手动、自动工作状态及故障状态；

3）显示消防水泵、泡沫液泵的启、停状态和故障状态，消防水池（箱）最低水位和泡沫液罐最低液位信息；

4）显示消防水泵和泡沫液泵的联动反馈信号。

（5）干粉灭火系统的显示要求

1）显示系统的手动、自动工作状态及故障状态；

2）显示系统的驱动装置的正常工作状态和动作状态，防护区域中的防火门窗、防火阀、通风空调等设备的正常工作状态和动作状态；

3）显示延时状态信号、紧急停止信号和管网压力信号。

（6）防烟排烟系统的显示要求

1）显示防烟排烟系统风机电源的工作状态；

2）显示防烟排烟系统的手动、自动工作状态及防烟排烟风机的正常工作状态和动作状态；

3）应显示防烟排烟系统的风机和电动排烟防火阀、电控挡烟垂壁、电动防火阀、常闭送风口、排烟阀（口）、电动排烟窗的联动反馈信号。

（7）防火门及防火卷帘系统的显示要求

1）显示防火门监控器、防火卷帘控制器的工作状态和故障状态等动态信息；

2）显示防火卷帘、常开防火门、人员密集场所中因管理需要平时常闭的疏散门及具有信号反馈功能的防火门的工作状态；

3）显示防火卷帘和常开防火门的联动反馈信号。

（8）电梯的显示要求

1）显示消防电梯电源的工作状态；

2）显示消防电梯的故障状态和停用状态；

3）显示电梯动作的反馈信号及消防电梯运行时所在楼层。

（9）消防联动控制器应显示各消防电话的故障状态。

（10）消防联动控制器应显示消防应急广播的故障状态。

（11）消防联动控制器应显示受消防联动控制器控制的消防应急照明和疏散指示系统的故障状态和应急工作状态信息。

5.2 建筑消防设施检测

建筑消防设施检测是对建筑消防设施完好性及功能进行检测。检测前首先要对建筑消防设施设置情况及资料审查。

建筑消防设施设置的场所、部位、各类技术参数应符合设计文件要求及现行国家设计规范规定。资料审查内容主要是：公安消防部门的审核意见书或备案检查文书；经法定机构审批认可的施工图、设计说明书、设计变更通知单等设计文件；竣工图、竣工报告、调试报告；施工过程检查记录；隐蔽工程验收记录；消防产品监督检查记录；消防设备及其主要组件的原理、使用说明书；设备及其主要组件的产品出厂合格证、市场准入制度要求的法定机构出具的有效证明文件及检验报告；系统操作规程。

5.2.1 一般要求

1. 检查各消防设施组件和设备的铭牌、标志、出厂产品合格证、消防产品的符合法定市场准入规则的证明文件、消防电梯的检测合格证、灭火剂的有效期等。

2. 检查检测用仪器、仪表、量具等的计量检定合格证及有效期。

3. 查看系统组件和设备、管道、线槽及支吊架等的外观。

4. 检查采用绝缘电阻测试仪测量的导线和电缆的线间、线对地间绝缘电阻值的记录；检查采用接地电阻测试仪测量的系统接地电阻值的记录。

5. 采用核对方式检查时，应与设计、验收等相关技术文件对比。

6. 应逐项记录各消防设施的检测结果及仪表显示的数据，填写检测记录表，并与上一次检测的记录表对比。

7. 检测过程中采用对讲设备进行联络，完成检测后将各消防设施恢复至正常警戒状态。

5.2.2　消防供配电设施检测

（一）检测方法

1. 消防配电检测

（1）查看消防控制室及各消防设施最末一级配电箱的标志，以及仪表、指示灯、开关、控制按钮。

（2）核对配电箱控制方式及操作程序并进行试验：

1）自动控制方式下，手动切断消防主电源，观察备用消防电源的投入及指示灯的显示。

2）人为控制方式下，在低压配电室应先切断消防主电源，后闭合备用消防电源，观察备用消防电源的投入及指示灯的显示。

3）查看最末一级配电箱运行情况。

2. 自备发电机组检测

（1）发电机检测

1）查看发电机铭牌。

2）自动控制方式启动发电机并用秒表计时，30s 后核对仪表的显示及数据，并观察机组的运行状况，试验时间不应超过 10min。

3）手动控制方式启动发电机，查看输出指标及信号。

4）查看发电机房通风设施。

（2）储油设施检测

1）查看油位计及油位，按发电机的用油量核对储油箱内的储油量。

2）核对燃油标号。

（二）技术要求

1. 负荷等级：消防电源的负荷等级及供电要求应符合设计要求及现行国家相关规范的规定。

2. 专用供电回路：

（1）消防用电设备应采用专用供电回路，生产、生活用电被切断时，应仍能保证消防用电；

（2）消防设备配电柜应有消防用电设备名称和区别于其他配电箱的明显标志，配电箱上的仪表、指示灯的显示应正常，开关及控制按钮应灵活可靠；

（3）一、二级负荷供电的消防控制室、消防水泵房、防烟与排烟风机房的消防用电设备及消防电梯等的供电，其最末一级配电箱至变电所或低压总配电室的配电线路宜选用矿物绝缘类不燃性电缆。

3. 末端切换装置：消防控制室、消防水泵房、防烟与排烟风机房的消防用电设备及消防电梯等的供电，应在其配电线路的最末一级配电箱处设置自动切换装置。

4. 线路敷设：

（1）暗敷时，应穿管并应敷设在不燃烧体结构内且保护层厚度不应小于 30mm；明敷时（包括敷设在吊顶内）应穿金属管或封闭式金属线槽，并应采取防火保护措施；

（2）当采用阻燃或耐火电缆时，敷设在电缆井、电缆沟内可不采取防火保护措施；

（3）当采用矿物绝缘类不燃性电缆时，可直接敷设；

（4）当敷设在同一井沟内时，宜分别布置在井沟的两侧。

5. 自备发电设备：

（1）一级负荷供电的建筑，当采用自备发电设备作备用电源时，自备发电设备应设置自动和手动启动装置，且自动启动装置应能在 30s 内供电；

（2）二级负荷供电的建筑，采用自备发电设备作备用电源时，当采用自动启动有困难时，可采用手动启动装置；

（3）发电机仪表、指示灯及开关按钮应完好、显示应正常；

（4）发电机运行及输出功率、电压、频率、相位的显示均应正常；

（5）储油箱内的油量应能满足发电机运行 3～8h 用量，油位显示应正常，燃油标号应正确；

（6）发电机组及其附件的型号、规格、功率、数量应符合设计要求，安装应符合设计要求及现行国家相关规范的规定；

（7）油箱的位置及安装应符合设计要求；

（8）发电机房通风设施运行正常。

5.2.3 火灾自动报警系统检测

（一）检测方法

1. 火灾探测器检测

（1）点型感烟探测器检测

1）采用发烟装置向探测器施放烟气，查看探测器报警确认灯以及火灾报警控制器的火警信号显示。

2）消除探测器内及周围烟雾，报警控制器手动复位，观察探测器报警确认灯在复位前后的变化情况。

（2）线型光束感烟探测器

1）按照《线型光束感烟火灾探测器》GB 14003—2005 附录 A 中表 A1 选用滤光片：

① 减光值＜1.0dB；

② 在减光值为 1.0～10.0dB 之间依次变换滤光片；

③ 减光值大于 10dB。

2）分别将上述不同减光值的滤光片，置于相向的发射与接收器件之间并尽量靠近接收器的光路上，同时用秒表开始计时。在不改变滤光片设置位置的情况下，查看 30s 内火灾报警控制器的火警信号、探测器报警确认灯的动作情况。

（3）点型、线型感温探测器检测

1）点型感温探测器

① 可复位点型感温探测器，使用温度不低于 54℃ 的热源加热，查看探测器报警确认灯和火灾报警控制器火警信号显示；移开加热源，手动复位火灾报警控制器，查看探测器报警确认灯在复位前后的变化情况。

② 不可复位点型感温探测器，采用线路模拟的方式试验。

2）线型感温探测器

① 可恢复型线型感温探测器，在距离终端盒 0.3m 以外的部位，使用 55～145℃ 的热

源加热，查看火灾报警控制器火警信号显示。

②　不可恢复型线型感温探测器，采用线路模拟的方式试验。

（4）火焰（或感光）探测器

1）在探测器监测视角范围内、距离探测器 0.55～1.00m 处，放置紫外光波长＜280nm或红外光波长＞850nm 光源，查看探测器报警确认灯和火灾报警控制器火警信号显示；

2）撤销光源后，查看探测器的复位功能。

（5）可燃气体探测器

1）试验气体的选择应符合《可燃气体探测器》GB 15322—2003 的 5.1.6 要求。

2）向探测器释放对应的试验气体，观察报警响应时限内报警控制器的显示情况。

2. 手动报警按钮检测

（1）触发按钮，查看火灾报警控制器火警信号显示和按钮的报警确认灯。

（2）先复位手动按钮，后复位火灾报警控制器，查看火灾报警控制器和按钮的报警确认灯。

3. 火灾自动报警控制器检测

（1）火灾报警控制器

1）触发自检键，对面板上所有的指示灯、显示器和音响器件进行功能自检。

2）切断主电源，查看备用直流电源自动投入和主、备电源的状态显示情况。

3）在备用直流电源供电状态下，进行断路故障报警、火警优先功能、二次报警功能检测。

①　模拟探测器、手动报警按钮断路故障，查看故障显示。

②　断路故障报警期间，采用发烟装置或温度不低于 54℃ 的热源，先后向同一回路中两个探测器施放烟气或加热，查看火灾报警控制器的火警信号、报警部位显示及记录。每个探测器检测后，只消声，不复位。

4）用万用表测量火灾报警控制器的联动输出信号。

5）系统复位，恢复到正常警戒状态。

（2）火灾报警显示盘

在火灾报警控制器的检测过程中，同时查看火灾显示盘的显示。

（3）消防联动控制设备

1）对面板上所有的指示灯、显示器和音响器件进行功能自检。

2）切断主电源，查看备用直流电源自动投入和主、备电源的状态显示情况。

3）在备用直流电源供电状态下，进行下列检测：

①　核对消防控制设备的联动控制功能和逻辑控制程序。

②　在接线端子处，模拟消防联动控制设备与输入/输出模块间连线的断路、短路故障并用秒表计时，查看声、光故障报警信号。

③　远程手动启动各联动控制消防设备，查看控制信号的传输，系统复位。

4）恢复至正常警戒状态。

（4）可燃气体报警控制器

1）试验气体的选择应符合《可燃气体探测器》GB 15322—2003 的第 5.1.6 条要求。

2）触发自检键，对面板上所有的指示灯、显示器和音响器件进行功能自检。

3）切断主电源，查看备用直流电源自动投入和主、备电源的状态显示情况。

4）在备用直流电源供电状态下，进行下列检测：

① 模拟可燃气体探测器断路故障，查看故障显示，恢复系统警戒状态。

② 向非故障回路的可燃气体探测器施加试验气体，查看报警信号及报警部位显示。

③ 触发消音键，查看报警信号显示。

5）系统复位，恢复到正常警戒状态。

4. 火灾警报装置检测

（1）使用数字声级计测量背景噪声的最大声强。

（2）输入控制信号，测量声警报的声强，具有光警报功能的，查看光警报。

（二）技术要求

1. 布线

（1）管路技术要求

1）火灾自动报警系统传输线路采用绝缘导线时，应穿金属管、经阻燃处理的硬质塑料管或封闭线槽保护方式布线；

2）消防控制、通讯和警报线路采用暗敷设时，应采用金属管或经阻燃处理的硬质塑料管保护，并应敷设在不燃烧体内，其保护层厚度不应小于 30mm；当采用明敷设时，应采用金属管或金属线槽保护，并应在金属管或金属线槽上采取防火保护措施；

3）当不穿金属管保护时，应采用经阻燃处理的电缆，且应敷设在电缆竖井或吊顶内有防火保护措施的封闭式线槽内；

4）在吊顶内敷设各类管路和线槽，应采用单独的卡具吊装或支撑物固定，吊装线槽的吊杆直径不应小于 6mm；

5）敷设于多尘或潮湿场所管路的管口和管路连接处，均应作密封处理；

6）从接线盒、线槽等处引到探测器底座盒、控制设备盒、扬声器箱、控制柜、联动控制柜的线路均应穿金属软管保护，且穿管应到位；

7）当外接导线采用金属软管时，其长度不应大于 2m；

8）金属管子入盒，盒外侧应套锁母，内侧应装护口，在吊顶内敷设时，盒的内外侧均应套锁母，塑料管入盒应采取相应固定措施；

9）线槽接口应平直、严密，槽盖应齐全、平整、无翘角，并列安装时，槽盖应便于开启。

（2）导线技术要求

1）系统布线应采用铜芯绝缘导线或铜芯电缆，当额定工作电压不超过 50V 时，选用导线电压等级不应低于交流 250V；采用交流 220/380V 的供电和控制线路应采用导线电压等级不低于交流 500V；

2）管敷绝缘导线截面积不应小于 $1.00mm^2$；槽敷绝缘导线截面积不应小于 $0.75mm^2$；多芯电缆截面积不应小于 $0.50mm^2$，穿管绝缘导线或电缆的总截面积不应超过管内截面积的 40%；

3）导线的接头，应在接线盒内焊接或用端子连接。焊接连接时，焊点应饱满，端子连接时，连接牢固；

4）管线经过建筑物的变形缝（包括沉降缝、伸缩缝、抗震缝等）处，应采取补偿措施，导线跨越变形缝的两侧应固定，并留有适当余量；

5）系统应单独布线，系统内不同电压等级、不同电流类别的线路，不应穿于同一根管内或线槽的同一槽孔内；

6）探测器的"＋"线应为红色，"－"线应为蓝色，其余线应根据不同用途采用其他颜色区分，但同一工程中相同用途的导线颜色应一致，接线端子应有标号；

7）如受条件限制，系统必须与强电线路电缆合用竖井时，两种电缆应分别布置在竖井的两侧。

（3）线路接地与绝缘技术要求

1）系统每个回路对地绝缘电阻和导线间绝缘电阻应不小于 20MΩ；

2）工作接地电阻：专用接地时电阻值应小于 4Ω，共用接地时，接地电阻值应小于 1Ω；

3）接地干线由消防控制室引至接地体，接地干线应用铜芯绝缘导线或电缆，其线芯截面积不小于 25mm^2；

4）由消防控制室接地板引至各消防电子设备的专用接地线，应选用铜芯绝缘导线，其线芯截面积不应小于 4mm^2；

5）消防电子设备凡采用交流供电和 36V 以上直流供电时，设备金属外壳和金属支架等应作保护接地，接地线应与电气保护接地干线（PE 线）相连接。

2. 系统供电技术要求

1）系统应设有主电源和直流备用电源；

2）主电源引入线，应直接与消防电源连接，严禁使用电源插头；

3）主电源的保护开关不应采用脱扣型剩余电流保护器，可采用只报警的剩余电流式电气火灾监控探测器进行监控；

4）直流备用电源宜采用火灾报警控制器的专用蓄电池或集中设置的蓄电池应急控制电源系统（ECS）。

3. 火灾探测报警系统技术要求

（1）一般要求

1）系统应设自动和手动两种触发装置；

2）系统设备的规格、型号、数量应符合设计要求；

3）各设备表面涂覆层无腐蚀、剥落、起泡现象、无明显划痕、毛刺等机械损伤，文字符号和标志清晰。

（2）火灾探测器一般技术要求

1）类型应与安装场所的环境条件及设计要求相符合，并应符合 GB 50116 的规定；

2）编码应与竣工图标识、控制器显示相对应；

3）底座安装应牢固，不得有明显松动；

4）导线连接必须可靠压接或焊接，当采用焊接时，不能使用带腐蚀性的助焊剂；

5）对探测器施加模拟火灾信号，应及时正确输出报警信号；

6）对探测器进行模拟故障试验时，应正确输出故障信号；

7）探测器报警后，应启动探测器确认灯，确认灯应面向便于人员观察的主要方向，并保持至控制器复位。

（3）点型感烟、感温探测器技术要求

1）探测器周围 0.5m 内不应有遮挡物；

2）至空调送风口的水平距离不应小于 1.5m；

3）至顶棚多孔空调送风口的水平距离不应小于 0.5m；

4）房间被书架、设备或隔断等分隔，其顶部至顶棚或梁的距离小于房间净高的 5％时，每个被隔开的部分至少应安装一只探测器；

5）在有梁的顶棚上设置感烟探测器、感温探测器时，应符合 GB 50116 的规定；

6）在宽度小于 3m 的内走道顶棚上设置探测器时，宜居中布置，感温探测器的安装间距不应超过 10m，感烟探测器的安装间距不应超过 15m，距端墙距离不应大于探测器安装间距的一半；

7）感烟、感温探测器的保护面积和保护半径应符合 GB 50116 的规定；

8）探测器宜水平安装，当必须倾斜安装时，倾斜角不应大于 45°。

（4）线型火灾探测器

1）红外光束探测器技术要求：

① 光束轴线至顶棚的垂直距离宜为 0.3～1.0m，距地高度不超过 20m；

② 相邻两组红外光束感烟探测器的水平距离不应大于 14m；

③ 探测器至侧墙水平距离不应大于 7m，且不应小于 0.5m；

④ 探测器的发射器和接收器之间的距离不宜超过 100m；

⑤ 应设置在开窗或通风空调对流层下面 1m 处；

⑥ 发射器和接收器之间的光路上应无遮挡物或干扰源。

2）缆式线型定温探测器技术要求：

① 在电缆桥架或支架上设置时，宜采用接触式布置；

② 在各种皮带传送装置上设置时，宜设置在装置的过热点附近；

③ 探测区域长度宜为 20～100m。

3）空气管式线型差温探测器技术要求：

① 相邻管路之间水平距离不宜大于 5m；

② 管路距墙壁的距离宜为 1～1.5m；

③ 顶棚下安装时至顶棚的距离宜为 0.1m；

④ 探测区域长度应小于 200m。

4）光栅光纤感温火灾探测器技术要求：

① 光栅光纤感温火灾探测器保护油罐时，两个相邻光栅间距离不宜大于 3m；

② 在公路隧道内敷设时，应采用专用吊架安装在隧道顶部，距地面高度不应超过 12m，距顶部宜为 75～150mm。

5）火焰探测器和图像型火灾探测器技术要求：

① 探测器的安装高度应与探测器的灵敏度等级相适应，并应符合生产厂家的产品说明要求；

② 探测器对保护对象进行空间保护时，应考虑探测器的探测视角及最大探测距离，避免出现探测死角；

③ 应避免阳光或人工光源直接照射在探测器的探测窗口；

④ 红、紫外火焰探测器或图像火焰探测器的探测视野内不能存在固定或流动的遮挡物；

⑤ 安装在室外时应有防尘、防雨措施。

（5）手动报警按钮技术要求

1）从一个防火分区的任何位置到最邻近的一个手动报警按钮的距离不应大于 30m；

2）手动火灾报警按钮宜设置在公共活动场所的出入口处；

3）安装应牢固，不得有明显松动，不得倾斜；

4）手动报警按钮底边距地面 1.3～1.5m 处；

5）报警按钮编码应与竣工图的标识、控制器显示相对应；

6）启动按钮，确认灯应点亮，并能保持至控制器复位；

7）对可恢复的手动火灾报警按钮，施加适当的推力使报警按钮动作，报警按钮应发出火灾报警信号；

8）对不可恢复的手动火灾报警按钮应采用模拟动作的方法使报警按钮发出火灾报警信号（当有备用启动零件时，可抽样进行动作试验），报警按钮应发出火灾报警信号。

（6）模块技术要求

1）每个报警区域内的模块宜集中设置在本报警区域内金属模块箱中；

2）隐蔽安装时在安装处应有明显的部位显示和检修孔；

3）在输入规定的信号后应点亮动作指示灯，并输出信号；

4）模块与提供输入信号的部件之间的连接线发生断线或短路时，应能将故障信号发送到报警控制器。

（7）火灾报警控制器技术要求

1）安装技术要求：

① 柜式和台式控制器的安装尺寸如下：

a. 其正面操作距离，当设备单列布置时，不应小于 1.5m，双列布置时，不应小于 2m；

b. 在值班人员经常工作的一面，设备面盘至墙的距离不应小于 3m；

c. 当其中一侧靠墙安装时，另一侧距离不应小于 1m；

d. 需从后面检修时，其后面板距墙不应小于 1m；

e. 柜式其底宜高出地（楼）面 0.1～0.2m；

f. 设备面盘的排列长度大于 4m 时，其两端应设置宽度不小于 1m 的通道。

② 壁挂式控制器安装尺寸如下：

a. 壁挂式控制器安装在墙上时，其底面距地（楼）面的高度为 1.3～1.5m，且应操作方便；

b. 靠近门轴的侧面，距墙不应小于 0.5m；

c. 正面操作距离不应小于 1.2m。

③ 安装牢固、平稳、无倾斜，安装在轻质墙上，应采取加固措施。

④ 配线清晰、整齐、美观，避免交叉，并应固定牢固，端子接线不受应力。

⑤ 电缆和所配导线的端部均应标明编号，编号应与图纸符合，字迹清晰，不易褪色。

⑥ 端子板的每个接线端子，其接线不得超过两根。

⑦ 导线应绑扎成捆，防止接错。

⑧ 消防控制装置箱体内不同电压等级、不同电流类别的端子应分开布置，并有明显的永久性标志。

2）功能要求

①报警功能、报警控制功能、故障报警功能、屏蔽功能、监管功能及自检操作级别、信息显示查询功能等应符合《火灾报警控制器》GB 4717 的规定；

②主电源断电时应自动转换至备用电源供电，主电源恢复后应自动转换为主电源供电，并应分别显示主、备电源的状态；

③控制器用备用电源供电，持续进行火灾模拟试验，控制器应能连续正常工作 60min。

（8）火灾显示盘（区域显示器）技术要求

①火灾显示盘（区域显示器）的设置应符合设计要求；

②火灾显示盘应设置在明显的和便于操作部位，当安装在墙上时，其底边距地高度宜为 1.3~1.5m；

③报警和记忆功能：能直接或间接地接受来自火灾探测器及其他火灾报警触发器件的火警信号时，能在 3s 内正确接收和显示火灾报警控制器发出的火灾报警信号，发出声、光警信号，指示火灾发生部位并予保持；

④二次火警和消音功能：控制器第一次报警时，可手动消除声报警信号，此时如再次有火警信号输入时，应能重新启动；

⑤自检功能：控制器应有本机自检功能；

⑥对于非火灾报警控制器供电的区域显示器（火灾显示盘），应检查主、备电源的自动转换功能和故障报警功能。

4. 消防联动控制系统

（1）一般要求技术要求

① 消防联动控制系统控制装置及显示应符合设计要求，并满足《火灾自动报警系统设计规范》GB 50116 的规定；

② 消防水泵、防烟和排烟风机的控制设备除采用自动控制方式外，还应在消防控制室设置手动直接控制装置实现手动控制。

（2）消防联动控制器功能

① 消防联动控制器在接到火灾报警信号后，应按设计要求或有关标准规定的逻辑关系发出联动控制信号，直接或间接控制其连接的各类受控消防设备；

② 应能显示受控设备的工作状态，显示反馈信号；

③ 应能以手动或自动两种方式完成设计要求或有关标准规定的联动控制功能，并能指示手动或自动操作方式的工作状态；

④ 消防联动控制器其他功能应符合《可燃气体报警控制器》GB 16806 的规定；

⑤ 除《火灾自动报警系统设计规范》GB 50116 中规定的各种联动外，当火灾自动报警及消防联动系统还与其他智能建筑子系统具备联动关系时，应符合《智能建筑工程质量验收规范》GB 50339 的规定。

注：《智能建筑工程质量验收规范》GB 50339 的规定：检测消防控制室向建筑设备监控系统传输、

显示火灾报警信息的一致性和可靠性；检测与建筑设备监控系统的接口、建筑设备监控系统对火灾报警的响应及其火灾运行模式；检测消防控制室与安全防范系统等其他子系统的接口和通信功能。

5.2.4　消防供水检测

（一）检测方法

1. 消防水池

（1）查看水位及消防用水不被他用的设施。

（2）查看补水设施；寒冷地区查看防冻设施。

2. 消防水箱

（1）查看水位及消防用水不被他用的设施。

（2）消防水泵启动后，查看水位是否上升。

（3）寒冷地区查看防冻设施。

3. 稳压泵、增压泵及气压水罐

（1）查看进出口阀门开启程度。

（2）核对启泵与停泵压力，查看运行情况。

4. 消防水泵

（1）查看水泵和阀门的标志。

（2）转动阀门手轮，检查阀门状态。

（3）在泵房控制柜处启动水泵，查看运行情况。

（4）在消防控制室启动水泵，查看运行及反馈信号。

5. 水泵控制柜

（1）查看仪表、指示灯、控制按钮和标识。

（2）模拟主泵故障，查看自动切换启动备用泵情况，同时查看仪表及指示灯显示。

6. 水泵接合器

（1）查看标志牌、止回阀。

（2）转动手轮查看控制阀及泄水阀。

（3）寒冷地区查看防冻措施。

（4）用消防车等加压设施供水时，查看系统压力变化。

（二）技术要求

1. 天然水源

（1）所使用水源应保证消防设施正常使用，且应设置可靠的取水设施，消防车的吸水高度不应大于 6m。

（2）应确保枯水期最低水位时的消防用水量。

（3）应有防止杂质、漂浮物等物质堵塞供水设施的技术措施。

2. 市政供水

应符合设计要求及现行国家相关规范的规定。

3. 消防水池

（1）消防水池的有效容量应满足在火灾延续时间内室内消防用水量的要求。

（2）补水量应经计算确定，且补水管的设计流速不宜大于 2.5m/s。

（3）消防水池的补水时间不宜超过 48h；对于缺水地区或独立的石油库区，不应超过 96h。

（4）容量大于 $500m^3$ 的消防水池，应分设成两个能独立使用的消防水池。

（5）供消防车取水的消防水池应设置取水口或取水井，且吸水高度不应大于 6m。取水口或取水井与建筑物（水泵房除外）的距离不宜小于 15m；与甲、乙、丙类液体储罐的距离不宜小于 40m；与液化石油气储罐的距离不宜小于 60m，如采取防止辐射热的保护措施时，可减为 40m。

（6）消防水池的保护半径不应大于 150m。

（7）消防用水与生产、生活用水合并的水池，应采取确保消防用水不作他用的技术措施。

（8）消防水池应设有现场水位计，设有消防控制室时应将水位信号反馈至消防控制室。

4. 消防水箱

（1）设置临时高压给水系统的建筑物应设置消防水箱（包括气压罐、水塔、分区给水系统的分区水箱）。

（2）消防水箱应设置在建筑的最高部位。

（3）高位消防水箱的设置高度应保证最不利点消火栓静水压力。当建筑高度不超过 100m 时，高层建筑最不利点消火栓静水压力不应低于 0.07MPa；当建筑高度超过 100m 时，高层建筑最不利点消火栓静水压力不应低于 0.15MPa；当高位水箱不能满足静水压力要求时，应设置增压设施，增压设施应满足以下要求：

1）增压水泵的出水量，对消火栓给水系统不应大于 5L/s；对自动喷水灭火系统不应大于 1L/s。

2）气压水罐的调节水容量宜为 450L。

（4）消防水箱应储存 10min 的消防用水量，且高层建筑中的高位消防水箱的消防储水量，一类公共建筑不应小于 $36m^3$，但当建筑高度大于 100m 时不应小于 $50m^3$，当建筑高度大于 150m 时不应小于 $100m^3$；多层公共建筑、二类高层公共建筑和一类居住建筑不应小于 $18m^3$，当一类居住建筑高度超过 100m 时不应小于 $36m^3$；二类高层居住建筑不应小于 $12m^3$；建筑高度大于 21m 的多层居住建筑不应小于 $6m^3$；工业建筑室内消防给水设计流量当小于等于 25L/s 时不应小于 $12m^3$，大于 25L/s 时不应小于 $18m^3$；总建筑面积大于 $10000m^3$ 且小于 $30000m^3$ 的建筑不小于 $36m^3$，总建筑面积大于 $30000m^3$ 的商店建筑不小于 $50m^3$。

（5）消防用水与其他用水合用的水箱应采取消防用水不作他用的技术措施。

（6）并联给水方式的分区消防水箱容量应与高位消防水箱相同。

（7）除串联消防给水系统外，发生火灾时由消防水泵供给的消防用水不应进入高位消防水箱。

（8）消防出水管上的止回阀关闭时应严密。

（9）消防水箱的安装应符合设计要求及相关规范的规定。

（10）消防水箱应设有现场水位计，设有消防控制室时应将水位信号反馈至消防控制室。

5. 气压、稳压装置

（1）气压、稳压装置的安装应符合设计要求及相关规范的规定，进出口阀门应常开；

（2）气压、稳压装置型号、规格应符合设计要求，启动运转应正常，启泵与停泵压力应符合设定值且压力表显示正常；

（3）气压水罐的容积、工作压力应符合设计要求；

（4）消防泵启动后 30s 内，稳压泵应停止运行；

（5）气压、稳压装置组件应齐全、外观应无损伤等缺陷。

6. 消防水泵

（1）消防水泵应有标明系统名称和编号的标识；

（2）消防水泵（包括备用泵、稳压泵）的型号、规格应符合系统设计要求；

（3）进出口阀门应常开，且设有启闭标志；

（4）一组消防水泵，吸水管不应少于两条，任一条均能通过全部水量；

（5）消防水泵应保证在火警后 30s 内启动；

（6）消防水泵与动力机械应直接连接；

（7）消防水泵出水管上应设置试验和检查用的压力表和 DN65 的放水阀门，当存在超压可能时，出水管上应设置防超压设施，且压力表、试水阀及防超压装置等均应正常；

（8）启泵运转及主、备泵切换应正常；

（9）消防水泵状态信号应能反馈至消防控制室；

（10）消防水泵应设置备用泵，其工作能力不应小于最大一台消防水泵；

（11）消防水泵应采用自灌式吸水，并应在吸水管上设置检修阀门。

7. 消防水泵控制柜

（1）水泵控制柜应有标明系统及编号的标志；

（2）操作按钮应能启、停所控制的水泵；

（3）消防水泵应自动、手动和现场启动灵敏、可靠，主泵不能正常投入运行时，应自动切换启动备用泵；

（4）应能接收控制室的远程控制信号；

（5）仪表、指示灯应正常。

8. 消防水泵房

（1）独立建造的消防水泵房，其耐火等级不应低于二级；

（2）附设在建筑中的消防水泵房应采用耐火极限不低于 2.00h 的隔墙和 1.50h 的楼板与其他部位隔开，并应采用甲级防火门；

（3）消防水泵房设置在地下层或楼层上时，其疏散门应直通安全出口；

（4）消防水泵房设置在首层时，其疏散门宜直通室外；

（5）消防水泵房应有不少于两条的出水管直接与消防给水管网连接。当其中一条出水管关闭时，其余的出水管应仍能通过全部用水量。

9. 室外消防给水

（1）室外消防给水管网应布置成环状，当室外消防用水量小于等于 15L/s 时，可布置成枝状；

（2）向环状管网输水的进水管不应少于二条，当其中一条发生故障时，其余的进水管应能满足消防用水总量的供给要求；

（3）环状管道应采用阀门分成若干独立段，每段内室外消火栓的数量不宜超过 5 个，阀门的启闭状态应有明显标识；

（4）室外消防给水管道的直径应符合设计要求，并不应小于 100mm；

（5）室外消防给水当采用高压或临时高压给水系统时，管道的供水压力应能保证用水总量达到最大且水枪在任何建筑物的最高处时，水枪的充实水柱仍不应小于 10.0m；当采用低压给水系统时，室外消火栓栓口处的水压从室外设计地面算起不应小于 0.1MPa。

10. 水泵接合器

（1）消防水泵接合器应设置在室外便于消防车使用的地点，与室外消火栓或消防水池取水口的距离宜为 15.0～40.0m；

（2）数量应符合设计要求；

（3）应有注明所属系统和分区的标识；

（4）组件应完整无损，安装应符合要求，控制阀应常开，且启闭灵活，止回阀应关闭严密；

（5）消防水泵接合器等设置地点应设置相应的永久性固定标识。

5.2.5 消火栓、消防炮检测

（一）检测方法

1. 室内消火栓

（1）查看标志、箱体、组件及箱门；

（2）查看栓口位置。

2. 室外消火栓

（1）查看消火栓外观。

（2）出口处安装压力表，打开阀门，查看出水压力。

（3）寒冷地区查看防冻措施。

3. 消防炮（水炮、泡沫炮）

（1）查看外观，转动手轮，查看入口控制阀。

（2）人为操作消防炮，查看回转与仰俯角度及定位机构。

4. 启泵按钮

（1）查看外观和配件。

（2）触发按钮后，查看消防泵启动情况、按钮确认灯和反馈信号显示情况。

5. 系统功能

（1）室内消火栓

1）选择最不利处消火栓，连接压力表及闷盖，开启消火栓，测量栓口静水压力。

2）连接水带、水枪，触发启泵按钮，查看消防泵启动和信号显示，测量栓口静水压力。

3）按设计出水量开启消火栓，测量最不利处消火栓出水压力。

4）系统恢复正常状态。

（2）消防炮

1）触发启泵按钮，查看消防泵启动和信号显示，记录炮入口压力表数值。

2）具有自动或远程控制功能的消防炮，根据设计要求检测消防炮的回转、仰俯与定位控制。

（二）消火栓系统技术要求

1. 室内消火栓布置

（1）消防电梯间前室应设置消火栓。

（2）室内消火栓应设置在位置明显且易于操作的部位。

（3）应保证每一防火分区同层有两支水枪的充实水柱同时到达任何部位。建筑高度小于等于 24.0m 且体积小于等于 5000m³ 的多层仓库，可采用 1 支水枪充实水柱到达室内任何部位。

（4）多层建筑平屋顶和高层建筑的屋顶应设有带压力显示装置的试验消火栓。

（5）以下建筑当设 2 根消防竖管确有困难时，可设 1 根消防竖管，但必须采用双口双阀型消火栓。

1）十八层及十八层以下的单元式住宅；

2）十八层及十八层以下、每层不超过 8 户、建筑面积不超过 650m² 的塔式住宅。

（6）高层厂房（仓库）和高位消防水箱静压不能满足最不利点消火栓水压要求的其他建筑，应在每个室内消火栓处设置消防水泵启动按钮，并应有保护设施。

（7）同一建筑物内应采用统一规格的消火栓、水枪和水带。每条水带的长度不应大于 25.0m。

（8）室内消火栓栓口处的出水压力大于 0.5MPa 时，应设置减压设施；静水压力大于 1.0MPa 时，应采用分区给水系统。

（9）室内消火栓的间距应由计算确定。高层建筑、高层厂房（仓库）、高架仓库和甲、乙类厂房中室内消火栓的间距不应大于 30.0m；其他建筑及高层建筑裙房中室内消火栓的间距不应大于 50.0m。

（10）水枪的充实水柱经计算确定，甲、乙类厂房、层数超过 6 层的公共建筑和层数超过 4 层的厂房（仓库），不应小于 10.0m；高层厂房（仓库）、高架仓库和体积大于 25000m³ 的商店、体育馆、影剧院、会堂、展览建筑，车站、码头、机场建筑和建筑高度超过 100m 的高层建筑等，不应小于 13.0m；其他建筑，不宜小于 7.0m。

2. 室内消火栓箱安装质量

（1）消火栓箱应有明显标记，箱内组件完整，无明显缺陷，开关灵活，无生锈漏水，接口及垫圈无缺陷；

（2）栓口与消火栓箱内边缘的距离不应影响消防水带的连接；

（3）栓口中心距地面或操作基面高度宜为 1.1m；

（4）栓口出水方向应向下或与设置消火栓的墙面垂直。

3. 室内消火栓管道

（1）多层建筑室内消防给水系统宜与生产、生活给水系统分开设置，高层建筑室内消防给水系统应与生产、生活给水系统分开设置。

（2）室内消火栓给水系统与自动喷水灭火系统管网分开设置，如有困难时，可合用消防泵，但在自动喷水灭火系统的报警阀前（沿水流方向）必须分开设置。

（3）室内消火栓超过 10 个且室外消防用水量大于 15L/s 时，其消防给水管道应连成环状，且至少应有两条进水管与室外环状管网或消防水泵连接；高层厂房（仓库）应设置独立的消防给水系统。室内消防竖管应连成环状。

（4）室内消火栓管道直径应符合设计要求，且不应小于100mm。

（5）室内消火栓管道安装位置、管道固定等应符合设计要求。

（6）室内消防给水管道外壁应刷红色漆或红色色环，并有明显的识别和方向的标识。

（7）室内消防给水管道应采用阀门分成若干独立段，阀门应保持常开，并应有明显的启闭标志或信号。

4. 室外消火栓

（1）甲、乙、丙类液体储罐区和液化石油气储罐区的消火栓应设置在防火堤或防护墙外；室外消火栓距路边不应大于2.0m，距房屋外墙不宜小于5.0m；工艺装置区内的消火栓应设置在工艺装置的周围，其间距不宜大于60.0m。

（2）室外消火栓的间距不应大于120.0m。

（3）数量应符合设计要求，且每段环状管网上的室外消火栓的数量不宜超过5个。

（4）阀门应启闭灵活。

（5）地下式消火栓井内应无积水。

（6）室外消火栓设置地点应设置相应的永久性固定标识。

5. 消防炮

（1）消防炮的选型布置、数量应符合现行国家相关规范的规定；

（2）控制阀应启闭灵活；

（3）回转与仰俯操作应灵活，且操作角度应符合设定值，定位机构应可靠；

（4）触发启泵按钮时，消防水泵应启动；出水压力应符合设计要求。

6. 启泵按钮

（1）外观完好，有透明罩保护，并配有击碎工具；

（2）被触发时，应直接启动消防泵，同时确认灯显示；

（3）按钮手动复位，确认灯随之复位。

5.2.6 自动喷水灭火系统检测

（一）检测方法

开始检测前，查看系统的控制方式。

1. 报警阀组

（1）湿式报警阀组

1）查看外观、标志牌、压力表；

2）查看控制阀，查看锁具或信号阀及其反馈信号；

3）打开试验阀，查看压力开关、水力警铃动作情况及反馈信号。

（2）干式报警阀组

1）查看外观、标志牌、压力表；

2）查看控制阀，查看锁具或信号阀及其反馈信号；

3）打开试验阀，查看压力开关、水力警铃动作情况及反馈信号；

4）缓慢开启试验阀小流量排气，空气压缩机启动后关闭试验阀，查看空气压缩机的运行情况、核对启停压力。

（3）预作用报警阀组

1) 查看外观、标志牌、压力表；

2) 查看控制阀，查看锁具或信号阀及其反馈信号；

3) 缓慢开启试验阀小流量排气，空气压缩机启动后关闭试验阀，查看空气压缩机的运行情况、核对启停压力；

4) 关闭报警阀入口控制阀，消防控制设备输出电磁阀控制信号，查看电磁阀动作情况及反馈信号；

（4）雨淋报警阀组

1) 查看外观、标志牌、压力表；

2) 查看控制阀，查看锁具或信号阀及其反馈信号；

3) 关闭报警阀入口控制阀，消防控制设备输出电磁阀控制信号，查看电磁阀动作情况及反馈信号；

4) 当系统采用传动管控制时，核对传动管压力设定值；核验气压传动管的供气装置时，缓慢开启试验阀小流量排气，空气压缩机启动后关闭试验阀，查看空气压缩机的运行情况、核对启停压力。

2. 水流指示器

（1）查看标志及信号阀；

（2）开启末端试水装置，查看消防控制设备报警信号；关闭末端试水装置，查看复位信号。

3. 喷头

查看外观。

4. 末端试水装置

查看阀门、压力表、试水接头及排水管。

5. 系统功能

（1）湿式系统

1) 开启最不利处末端试水装置，查看压力表显示；查看水流指示器、压力开关和消防水泵的动作情况及反馈信号；

2) 测量自开启末端试水装置至消防水泵投入运行的时间；

3) 用声级计测量水力警铃声强值。

（2）干式系统

1) 开启最不利处末端试水装置控制阀，查看水流指示器、压力开关和消防水泵、电动阀的动作情况及反馈信号，以及排气阀的排气情况；

2) 测量自开启末端试水装置到出水压力达到 0.05MPa 的时间。

（3）预作用系统

1) 先后触发防护区内两个火灾探测器，查看电磁阀、电动阀、消防水泵和水流指示器、压力开关的动作情况及反馈信号，以及排气阀的排气情况；

2) 报警后 2min 打开末端试水装置，测量出水压力；

3) 用声级计测量水力警铃声强值。

（4）雨淋系统

1) 并联设置多台雨淋阀的系统，核对控制雨淋阀的逻辑关系；

2）先后触发防护区内两个火灾探测器或为传动管泄压，查看电磁阀、消防水泵及压力开关的动作情况及反馈信号；

3）用声级计测量水力警铃声强值；

4）不宜进行实际喷水的场所，应在试验前关严雨淋阀出口控制阀。

6. 水幕系统

（1）先后触发防护区内两个火灾探测器或为传动管泄压，查看电磁阀、消防水泵及压力开关的动作情况及反馈信号；

（2）用声级计测量水力警铃声强值；

（3）不宜进行实际喷水的场所，应在试验前关严雨淋阀出口控制阀；

（4）人为操作系统查看控制阀及压力表。

（二）技术要求

1. 一般要求

（1）自动喷水灭火系统类型应符合《自动喷水灭火系统设计规范》GB 50084 规定；

（2）自动喷水灭火系统的喷头、报警阀组、水流指示器、压力开关、末端试水装置等组件、配件和设施必须完整，且应符合《自动喷水灭火系统设计规范》GB 50084 的规定；

（3）局部应用系统适用于室内最大净空高度不超过 8m 的民用建筑中，局部设置且保护区域总建筑面积不超过 1000m² 的湿式系统，应符合《自动喷水灭火系统设计规范》GB 50084 和《自动喷水灭火系统施工及验收规范》GB 50261 的规定；

（4）湿式、干式、预作用系统应设置在自动控制状态。

2. 报警阀组

（1）报警阀组组件技术要求

1）报警阀的型号、规格、数量符合设计要求；

2）报警阀及其组件应完整无损，密封性好，压力表显示应符合设定值；

3）水流方向与阀组标志方向相同；

4）配有充气装置的预作用报警阀组及干式报警阀组的空气压缩机和气压控制装置应符合设计要求，状态应正常；

5）雨淋报警阀组及预作用报警阀组电磁阀的启闭及反馈信号应灵敏可靠；

6）雨淋报警阀组配置传动管时，传动管的压力表显示应符合设定值；气压传动管的供气装置应状态正常。

7）报警阀等组件应灵敏可靠；压力开关动作应向消防控制设备反馈信号。

（2）报警阀组安装技术要求

1）报警阀组设置的位置及安装应符合设计要求和《自动喷水灭火系统施工及验收规范》GB 50261 的规定；

2）报警阀应有永久、明显的分区标识，注明系统名称和保护区域；

3）安装报警阀组的室内地面应有排水设施。

（3）供水总控制阀技术要求

1）连接报警阀进出口的控制阀应采用信号阀，反馈信号应正确；当不采用信号阀时，控制阀应设锁定阀位的锁具；

2）连接报警阀进出口的控制阀安装方向应正确，开、关应灵活可靠，应有明显启闭标志且处于开启状态。

（4）压力开关与水力警铃

1）压力开关应竖直安装在通往水力警铃的管道上，管道连接应牢固可靠；

2）水力警铃应安装在公共通道或值班室附近的外墙上，并且应安装检修、测试用的阀门；水力警铃和报警阀的连接应采用热镀锌钢管，当镀锌钢管的公称直径为20mm时，其长度不宜大于20m。

（5）报警阀控制喷头

1）采用闭式喷头的自动喷水湿式系统、预作用系统每个报警阀组控制喷头数不宜超过800只，干式系统不宜超过500只；

2）每个报警阀组供水的最高与最低位置喷头，其高程差不宜大于50m；

3）串联接入湿式系统配水干管的其他自动喷水灭火系统，应分别设置独立的报警阀组，其控制的喷头数计入湿式报警阀组控制的喷头总数。

（6）报警阀功能试验

1）湿式报警阀功能试验时，在报警阀试水装置处放水，当湿式报警阀进口水压大于0.14MPa时、放水流量大于1L/s时，报警阀应及时启动：

① 带延迟器的水力警铃应在5～90s内开始连续报警；

② 不带延迟器的水力警铃应在15s内发出报警铃声；

③ 距水力警铃3m处警铃声强不应小于70dB；

④ 压力开关应及时动作，并反馈信号；

⑤ 关闭试水装置后，水力警铃、压力开关应停止动作，报警阀上下压力表指示应正常。

2）干式报警阀功能试验时，开启系统试验阀，报警阀的启动时间、启动点压力、水流到试验装置出口所需时间，均应符合设计要求。

3. 水流指示器

（1）水流指示器应有明显标志，外观、设置位置应符合设计要求；

（2）每个防火分区、每个楼层均应设水流指示器，仓库内顶板下喷头与货架内喷头应分别设置水流指示器；

（3）水流指示器应将电器部件竖直安装在水平管道上侧，其动作方向应和水流方向一致；

（4）当水流指示器入口前设置控制阀时，应采用信号阀，信号阀应全开，并应反馈启闭信号；

（5）水流指示器的启动与复位应灵敏可靠，并同时反馈信号。

4. 管网

（1）管道材料

报警阀后的管道应采用内外壁热镀锌钢管，铜管、不锈钢管以及涂敷其他防腐材料的钢管应符合现行国家或行业标准。

（2）管道安装

1）镀锌钢管应采用沟槽式连接件（卡箍）、丝扣和法兰连接；

2）系统中直径等于或大于100mm的管道，应分段采用法兰或沟槽式连接件（卡箍）

连接；

3）自动喷水灭火系统管道固定、位置及附件应符合《自动喷水灭火系统施工及验收规范》GB 50261 的规定；

4）管网不同部位设置的减压孔板、节流管、减压阀等减压装置均应符合设计要求；

5）报警阀后的管道上不应设置其他用水设施；配水管两侧每根配水支管控制的标准喷头数应符合设计要求；

6）应在报警阀入口前与消防水箱连接；轻危险级、中危险级场所的系统，连接管的管径不应小于 80mm；严重危险级和仓库危险级场所的系统，连接管的管径不应小于 100mm；所有配水管、配水支管及短立管的直径均不应小于 25mm；

7）配水干管、配水管应做红色或红色环圈标志。

5. 喷头

（1）一般技术要求

1）喷头的型号、规格、数量应符合设计要求；

2）严禁给喷头附加任何装饰性涂层，不得有变形和附着物、悬挂物；

3）喷头外观无变形、损伤等缺陷，标志应清晰、齐全；闭式喷头玻璃泡色标应符合设计要求。

（2）喷头安装

喷头的安装应符合《自动喷水灭火系统设计规范》GB 50084、《自动喷水灭火系统施工及验收规范》GB 50261 的规定。

6. 末端试水装置

（1）每个报警阀组控制的最不利点喷头处，应设末端试水装置，其他防火分区、楼层均应设直径为 25mm 的试水阀；末端试水装置和试水阀应便于操作，且应有足够排水能力的排水设施；

（2）末端试水装置应由试水阀、压力表以及试水接头组成；试水接头出水口的流量系数，应等同于楼层或防火分区的最小流量系数喷头；末端试水装置的出水，应采取孔口出流的方式排入排水管道；

（3）连接管和排水管直径不应小于 25mm。

7. 系统功能试验技术要求

（1）湿式系统功能试验时：

1）以 0.94～1.5L/s 的流量从末端试水装置处放水，压力表在放水前和放水后的读数均不应小于 0.05MPa；

2）开启末端试水装置阀门后，报警阀、压力开关应动作，联动启动排气阀入口电动阀与消防水泵，水流指示器报警；

3）开启末端试水装置后 5min 内自动启动消防水泵。

（2）预作用系统、雨淋系统、水幕系统的功能试验：

1）对保护区域的探测器输入模拟火灾信号，火灾报警控制器确认火灾后，预作用系统应自动启动雨淋阀、排气阀入口电动阀及消防水泵，雨淋系统、水幕系统应自动启动消防水泵和雨淋阀；

2）采用传动管启动的系统试验时，模拟启动一只喷头，雨淋阀打开，压力开关动作，消防水泵启动；

3）预作用系统火灾报警控制器确认火灾后 2min，末端试水装置的出水压力不应低于 0.05MPa。

（3）干式系统功能试验：

1）开启末端试水装置阀门后，报警阀、压力开关应动作，联动启动排气阀入口电动阀与消防水泵，水流指示器报警；

2）开启末端试水装置后 1min，其出水压力不应低于 0.05MPa。

（4）消防控制室应能自动和手动控制电磁阀、电动阀等操作。

（5）消防控制室应能显示水流指示器、压力开关、信号阀、消防水泵、有压气体管道气压、以及电源和备用动力等工作状态和反馈信号。

5.2.7　泡沫灭火系统检测

（一）检测方法

1. 供水设施、启泵按钮

应符合前述消防供水要求。

2. 泡沫液贮罐

（1）罐体或铭牌、标志牌上应清晰注明泡沫灭火剂的型号、配比浓度、泡沫灭火剂的有效日期和储量。

（2）储罐的配件应齐全完好，液位计、呼吸阀、安全阀及压力表状态应正常。

3. 比例混合器

（1）应符合设计选型，液流方向应正确。

（2）阀门启闭应灵活，压力表应正常。

4. 泡沫产生器

（1）应符合设计选型。

（2）吸气孔、发泡网及暴露的泡沫喷射口，不得有杂物进入或堵塞；泡沫出口附近不得有阻挡泡沫喷射及泡沫流淌的障碍物。

5. 泡沫栓

阀门启闭应灵活。

6. 泡沫喷头

应符合设计选型，吸气孔、发泡网不应堵塞。

7. 系统功能

应能按设定的控制方式正常启动泡沫消防泵，比例混合器、泡沫产生器、泡沫枪，以及喷发的泡沫应正常。

（二）技术要求

1. 一般要求

（1）系统的选型应符合设计要求；

（2）泡沫液、泡沫消防水泵，泡沫混合液泵，泡沫液泵，泡沫比例混合器（装置），压力容器，泡沫产生装置，火灾探测与启动控制装置，控制阀门及管道等组件、配件和设施应完整，并应符合 GB 50151 的规定；

（3）泡沫液的类型、混合比、发泡倍数应与系统类型相适应，且型号、规格应符合设计要求；泡沫液应在有效期限内，其用量应符合设计要求；

（4）供给泡沫混合液需要的水源质量和用量应符合设计要求；

（5）供水装置宜设水位指示。

2. 泡沫液储罐

（1）泡沫液储罐材料

1）低倍数泡沫液、中倍数泡沫液储罐宜采用耐腐蚀材料制作；当采用钢罐时，其内壁应作防腐处理，与泡沫液直接接触的内壁或防腐层不应对泡沫液的性能产生不利影响；

2）高倍数泡沫液储罐应采用耐腐蚀材料制作。

（2）泡沫液储罐的安装

1）泡沫液储罐的选型应与比例混合器的类型相适应；

2）泡沫液储罐液位计、呼吸阀、安全阀及压力表等组件、配件应齐全、完好，外观应符合 GB 50281 的规定；

3）泡沫液储罐的安装应符合设计要求；

4）罐体或铭牌、标志牌上应清晰注明泡沫灭火剂的型号、配比浓度、泡沫灭火剂的有效日期和储量。

3. 泡沫比例混合器

（1）型号、规格应符合设计要求；

（2）组件应齐全、完好，外观应符合《泡沫灭火系统施工及验收规范》GB 50281 的规定；

（3）进口工作压力，应在标定的工作压力范围内；

（4）固定设置的比例混合器入口前的管道应设置管道过滤器，管道过滤器两端、比例混合器的水和泡沫液入口处宜设置压力表；

（5）应在泡沫液入口处设置单向阀，泡沫液流方向应与标注的方向一致，并应设置压力开关和控制阀；

（6）固定设置的泡沫液桶（罐）和比例混合器不应设置在防护区内；

（7）阀门启闭应灵活；

（8）比例混合器的安装应符合《泡沫灭火系统施工及验收规范》GB 50281 的规定。

4. 消防泵组

（1）消防水泵、泡沫液泵和泡沫混合液泵的型号、规格应符合设计要求；

（2）消防水泵进水管上，应设置压力表或真空表；消防水泵的出水管上，应设置压力表、单向阀和带控制阀的回流管；

（3）消防水泵、泡沫液泵和泡沫混合液泵的安装应符合 GB 50281 的规定；

（4）泡沫泵站与保护对象的距离不宜小于 30m，且应满足在泡沫消防泵启动后，将泡沫混合液或泡沫输送到最远保护对象的时间不宜大于 5min；

（5）泡沫泵站内，应设水池水位指示装置；

（6）严禁将独立泡沫站设置在防火堤内、围堰内或泡沫喷淋系统保护区内；设置在防火堤外的独立泡沫站与储罐罐壁的间距应大于 20m，且应具备遥控功能；

5. 泡沫产生器

（1）规格、型号及数量应符合设计要求；

（2）泡沫产生器的安装应符合 GB 50281 的规定；

（3）吸气孔、发泡网及暴露的泡沫喷射口，不得有杂物进入或堵塞；泡沫出口附近不得有阻挡泡沫喷射及泡沫流淌的障碍物。

6. 泡沫喷头

（1）规格、型号、数量应符合设计要求；

（2）外观应完整、无机械损伤，安装应牢固，无松动、杂物进入或堵塞现象，附件齐全；

（3）顶部安装的泡沫喷头应安装在被保护物的上部；

（4）侧向安装的泡沫喷头应安装在被保护物的侧面并应对准被保护物体；

（5）地下安装的泡沫喷头应安装在被保护物的下方，并应在地面以下，在未喷泡沫时，其顶部应低于地面 10～15mm。

7. 泡沫消火栓

（1）泡沫混合液管道上设置泡沫消火栓的规格、型号、数量、位置、安装方式、间距应符合设计要求；

（2）地上式泡沫消火栓应垂直安装，地下式泡沫消火栓应安装在消火栓井内泡沫混合液管道上；

（3）地上式泡沫消火栓的大口径出水口应朝向消防车道；

（4）泡沫泵站内或站外附近泡沫混合液管道上设置的消火栓，应符合设计要求；

（5）阀门启闭应灵活。

8. 管道和阀门

（1）管道

1）管道、支、吊架及其他附件的材质和安装应符合设计要求；

2）水平管道安装时，其坡度坡向应符合设计要求，当出现 U 形管时应有放空措施；

3）金属软管设置和安装应符合设计要求；

4）储罐上泡沫混合液立管下端应设置锈渣清扫装置；锈渣清扫口可采用闸阀或盲板封堵，当采用闸阀时，应竖直安装；

5）泡沫液泵、泡沫液管道、泡沫混合液管道、泡沫液储罐、泡沫比例混合器、泡沫产生器应涂红色，当管道较多与工艺管道涂色有矛盾时，也可涂相应的色带或色环；

6）消防水泵、给水管道应涂绿色；

7）在固定式泡沫灭火系统的泡沫混合液主管道上应留出泡沫混合液流量检测仪器安装位置或设置试验检测口，其设置位置和数量应符合设计要求；

8）半固定式系统的泡沫管道应引至防火堤外，并应设置相应的高背压泡沫产生器快装接口。

（2）阀门

1）泡沫混合液管道采用的阀门应符合设计要求，并应有明显的启闭标志；

2）泡沫混合液管道上的高处应设置自动排气阀，并应立式安装；

3）泡沫混合液管道上的放空阀应安装在最低处；

4）系统管道上的控制阀门应设在防护区以外，自动控制阀门应具有手动启闭功能。

9. 高倍数泡沫系统的控制

（1）全淹没系统应同时具备自动、手动和应急机械手动启动功能；

（2）自动控制的固定式局部应用系统应同时具备手动和应急机械手动启动功能；

（3）手动控制的固定式局部应用系统尚应具备应急机械手动启动功能。

10. 泡沫—水喷淋系统

（1）一般要求

1）泡沫—水喷淋系统的设置应符合设计要求；

2）泡沫—水喷淋系统应具备自动、手动和应急机械启动功能。在自动控制状态下，系统的响应时间不应大于 60s；

3）泡沫—水喷淋系统的其他要求应符合《自动喷水灭火系统施工及验收规范》GB 50261 的规定。

（2）泡沫喷头

泡沫喷头的布置应符合《泡沫灭火系统设计规范》GB 50151 的规定。

11. 泡沫喷淋系统雨淋阀、水力警铃、压力开关的设置

泡沫喷淋系统宜设置雨淋阀、水力警铃，并应在每个雨淋阀出口管路上设置压力开关；但喷头数小于 10 个的单区泡沫喷淋系统，可不设雨淋阀和压力开关。

12. 系统试验

（1）低、中倍数泡沫灭火系统试验

选择最不利点的一个防护区或储罐，应以手动或自动控制的方式进行喷水试验；当喷水试验结束后，应以手动或自动控制的方式进行喷泡沫试验。

1）喷射泡沫的时间不应小于 1min；

2）泡沫混合液的混合比和发泡倍数应符合设计要求；

3）到达最不利点防护区或储罐的时间应符合设计要求；

4）湿式联用系统自喷水至喷泡沫的转换时间应符合设计要求。

（2）高倍数泡沫灭火系统试验

选择最不利点的一个防护区或储罐，应以手动或自动控制的方式进行喷水试验；当喷水试验结束后，应以手动或自动控制的方式进行喷泡沫试验。

1）喷射泡沫时间不应小于 30s；

2）泡沫混合液的混合比和泡沫供给速率应符合设计要求；

3）自接到火灾模拟信号至开始喷泡沫的时间应符合设计要求。

5.2.8 气体灭火系统检测

（一）检测方法

1. 瓶组与储罐

（1）查看外观、铅封、压力表和标志牌及称重装置。组件应固定牢固，手动操作装置的铅封应完好，压力表的显示应正常。

（2）应注明灭火剂名称，储瓶应有编号，驱动装置和选择阀应有分区标志牌，选择阀手动启闭应灵活。

（3）储瓶的称重装置应正常，并应有原始重量标记。

（4）二氧化碳储瓶及储罐，应在灭火剂的损失量达到设定值时发出报警信号。

（5）低压二氧化碳储罐的制冷装置应正常运行，控制的温度和压力应符合设定值。

2. 喷嘴

喷口方向应正确，并应无堵塞现象。

3. 气体灭火控制器

（1）气体控制器与火灾自动报警控制器的检测相同。

（2）自动、手动转换功能应正常，无论装置处于自动或手动状态，手动操作启动均应有效。

（3）装置所处状态应有明显的标志或灯光显示，反馈信号显示应正常。

4. 系统功能

（1）查看防护区内的声光报警装置，入口处的安全标志、声光报警装置，以及紧急启、停按钮。

（2）系统设定在自动控制状态，拆开该防护区启动钢瓶的启动信号线并与万用表连接。将万用表调节至直流电压档后，触发该防护区的紧急启动按钮并用秒表开始计时，测量延时启动时间，查看防护区内声光报警装置、通风设施以及入口处声光报警装置等的动作情况，查看气体灭火控制器与消防控制室显示的反馈信号。完成试验后将系统恢复至警戒状态。

（3）先后触发防护区内两个火灾探测器，查看气体灭火控制器的显示。在延时启动时间内，触发紧急停止按钮，达到延时启动时间后查看万用表的显示及相关联动设备。完成试验后将系统恢复至警戒状态。

（二）技术要求

1. 系统要求

（1）系统选型应符合现行国家相关规范的规定；

（2）系统组件、配件和设施应完整，且应符合现行国家相关规范的规定。

2. 储瓶间

（1）应靠近防护区，出口应直通向室外或疏散通道；

（2）设在地下的储瓶间应设机械通风设施，排风口应设在下部，可通过排风管排出室外；

（3）应设应急照明，照明灯照度不得低于 $30lx$；

（4）应保持干燥和良好通风，防止阳光直射；

（5）室内温度应符合要求；

（6）储瓶间的门应为乙级防火门并应向外开启。

3. 操作与控制

（1）管网灭火系统应设自动、手动、机械应急操作三种启动方式，机械应急操作装置应设在储瓶间内或防护区疏散出口门外便于操作的地方，并应能在一处完成系统启动的全部操作；

（2）预制灭火系统应设自动控制和手动控制两种启动方式；

（3）自动控制装置应在接到两个独立火灾信号后才能启动；

（4）在自动控制程序中，根据人员安全撤离防护区的需要，应有 $0\sim30s$ 的延迟喷射时间，且不应大于 $30s$；

（5）手动启动、停止操作装置或手动与自动控制转换装置，应设在防护区外便于操作的地方，并应能在一处完成系统启动的全部操作；

（6）灭火设计浓度或实际使用浓度大于无毒性反应浓度（NOAEL）的防护区和采用热气溶胶预制灭火系统的防护区应设手动与自动控制转换装置，当人员进入防护区时应能将灭火系统转换为手动控制方式，当人员离开时，应能恢复为自动控制方式，防护区内外应设手动、自动控制状态的显示装置；

（7）气体灭火系统的操作与控制，应包括对开口封闭装置、通风机械和防火阀等设备的联动操作与控制；

（8）设有消防控制室的场所，各防护区灭火控制系统的有关信号，应传送给消防控制室；

（9）灭火系统的手动控制与应急操作应有防止误操作的警示显示与措施，并有文字及图形符号标明操作时的方法步骤。

4. 储存装置

（1）灭火剂设计用量

1）灭火剂存储量和备用储存量应符合设计要求；

2）灭火剂型号、规格应符合设计要求；

3）热气溶胶应在有效期内。

（2）灭火剂储存容器

1）外观及安装应符合设计要求；

2）储存容器应有永久性记录，其内容包括编号、质量、灭火剂名称、充装量、充装日期和增压等标志，并应符合设计要求；

3）手动操作装置应有铅封；

4）储瓶上的检漏装置应能正常工作；当二氧化碳泄漏量达到充装重量的10％时，应发出报警信号；

5）容器阀应有手动操作机构；

6）灭火剂储存器的充装量不应小于设计充装量；

7）七氟丙烷、IG541贮存容器内的实际压力不应小于设计储存压力的90％，且不得超过贮存压力的5％；

8）低压二氧化碳储罐的制冷装置应正常运行，控制的温度和压力符合设定值，液位显示装置应正常，并便于观测；

9）灭火剂储存装置的泄压装置的泄压方向不应朝向操作面；

10）低压二氧化碳灭火系统的安全阀应通过专用泄压管接到室外；

11）储存容器或容器阀上，应设安全泄压装置和压力表，安全泄压装置的动作压力，应符合气体灭火系统的设计规定。

5. 集流管

（1）集流管外观、安装符合要求；

（2）同一集流管上的储存容器其规格、充压压力和充装量应相同；

（3）同一防护区，当设计两套或三套管网时，集流管可分别设置，但系统启动装置必须共用。

6. 储存装置要求

（1）储存装置组件应齐全；

（2）容器阀和集流管之间应采用挠性连接的高压软管；

（3）连接储存容器阀与集流管间的单向阀流向指示箭头应和介质流动方向相同。

7. 选择阀、信号反馈装置和减压装置

（1）选择阀

1）应设置标明防护区名称或编号的永久性标志牌，并应将标志牌固定在操作手柄附近；

2）流向指示箭头应和介质流动方向相同；

3）操作手柄应安装在操作一面，当安装高度超过 1.7m 时应采取便于操作的措施；

4）系统启动时，选择阀应在容器阀动作之前或同时打开；

5）在组合分配系统中，每个防护区或保护对象应设一个选择阀。

（2）信号反馈装置和减压装置

1）在通向每个防护区的灭火系统主管道上，应设压力讯号器或流量讯号器；

2）预制式系统每台灭火装置均应具备启动反馈信号功能；

3）减压装置应安装在系统压力入口处，箭头标示的气流方向应与介质流动方向相同。

8. 阀驱动装置

（1）电磁驱动装置和引爆型驱动装置

1）电气连接线应沿固定灭火剂储存容器的支、框架或墙面固定；

2）驱动器在额定工作电压下应正常动作，且动作灵活无卡阻现象。

（2）气体驱动装置

1）驱动气瓶规格应一致，外观、安装应符合要求，手动启动装置铅封完整；

2）驱动气瓶正面应有标明驱动介质的名称和对应防护区名称或保护对象名称或编号的永久性标志；

3）驱动管道应连接紧密，并符合横平竖直，管路应用管卡固定，平行或交叉管路之间的间距应保持一致。

9. 灭火剂输送管道

（1）灭火剂输送管道材料

管道规格、型号及组件应符合设计要求。

（2）输送管道的安装

1）管网上不应采用四通管件进行分流；

2）管道穿过墙壁、楼板处应安装套管，穿墙套管长度应与墙厚相等，穿楼板套管长度应高出地板 50mm，管道与套管间的空隙应采用防火封堵材料填塞密实；

3）管道穿越建筑物的变形缝时，应设置柔性管段；

4）管道的三通管接头的分流出口应水平安装；

5）管道的外表面宜涂红色油漆，在吊顶内、活动地板下等隐蔽场所内的管道，可涂红色油漆色环，色环宽度不应小于 50mm，每个防护区的色环密度应一致，间距应均匀；

6）管道的安装、固定应符合设计要求及现行国家相关规范的规定。

10. 喷嘴

1）喷嘴的规格、型号、数量应符合设计要求；

2）喷嘴安装的位置、保护半径和连接方式应符合《气体灭火系统设计规范》GB 50370、《气体灭火系统施工及验收规范》GB 50263 的规定；

3）设置在有粉尘、油雾的场所的喷嘴应增设不影响喷射效果的防护罩；

4）当保护对象属可燃液体时，喷头射流方向不应朝向液体表面；

5）干粉系统的喷头应有防止灰尘或异物堵塞喷孔的防护装置，防护装置在灭火剂喷放时应能自动吹掉或打开。

11. 预制式灭火系统

1）预制式灭火系统的型号、规格、数量应符合设计要求；

2）预制式灭火系统的安装、固定、外观及标识应符合《气体灭火系统施工及验收规范》GB 50263 的规定；

3）同一防护区内的预制式灭火装置大于一台时，应能同时启动，其动作响应时差不得大于 2s；

4）一个防护区设置的预制式灭火系统其装置数量不宜超过 10 台；

5）干粉预制式装置应符合《干粉灭火系统设计规范》GB 50347 的规定；

6）柜式气体灭火装置、热气溶胶灭火装置等预制灭火系统装置周围空间环境应符合设计要求；

7）柜式气体灭火装置、热气溶胶灭火装置等预制灭火系统装置每个操作部位应以文字、图形符号标明操作方法。

12. 气体灭火控制组件

(1) 气体灭火控制组件功能应符合《火灾自动报警系统设计规范》GB 50116 的规定；

(2) 灭火系统的驱动控制盘宜设置在经常有人的场所，并尽量靠近防护区。

13. 系统功能试验

(1) 模拟启动试验

1）手动模拟启动试验：

① 按下手动启动按钮，观察相关动作信号及联动设备动作正常；

② 人工使压力信号反馈装置动作，观察防护区门外的气体喷放指示灯应正常；

③ 有关的联动设备动作可靠，能可靠的切断火场电源。

2）自动模拟启动试验：

① 将灭火控制器的启动输出与灭火系统相应防护区的驱动装置连接，驱动装置应与阀门的动作机构脱离；

② 人工模拟火警使防护区内任意一个火灾探测器动作，观察单一火警信号输出后，相关报警设备动作应正常；

③ 人工模拟火警使防护区内另一个火灾探测器动作，观察复合火警信号输出后，延迟时间与设定时间相符，响应时间应满足要求，有关声光报警信号正确，联动设备动作正确，驱动装置动作可靠；

3）试验数量应按防护区或保护对象总数的 20%，且不少于一个。

(2) 模拟喷气试验

1）二氧化碳灭火系统试验时，应采用二氧化碳灭火剂进行模拟；

2）其他气体灭火系统试验时宜采用氮气或压缩空气，氮气或压缩空气储存容器与被试验的防护区或保护对象用的灭火剂储存容器的结构、型号、规格应相同，连接方式与控制方式应一致；

3）试验所需容器数量应符合《气体灭火系统施工及验收规范》GB 50263 的规定；

4）模拟喷气试验宜采用自动启动方式；

5）灭火系统喷气试验应符合下列要求：

① 延迟时间与设定时间相符，响应时间满足要求；

② 有关声、光报警信号正确；

③ 有关控制阀门工作正确；

④ 信号反馈装置动作后，气体防护区门外的气体喷放指示灯应工作正常；

⑤ 有关联动设备动作正确，符合设计要求。

6）贮存容器间内的设备和被试防护区内的灭火剂输送管道无明显晃动和机械性破坏，喷头能均匀喷放。

5.2.9 防烟、排烟系统检测

（一）检测方法

1. 控制柜

（1）应有注明系统名称和编号的标志。

（2）仪表、指示灯显示应正常，开关及控制按钮应灵活可靠。

（3）应有手动、自动切换装置。

2. 风机

（1）应有注明系统名称和编号的标志。

（2）传动皮带的防护罩、新风入口的防护网应完好。

（3）控制室远程手动启、停风机，查看运行及信号反馈情况。

3. 送风阀

（1）安装牢固。

（2）手动、电动开启，手动复位，查看动作和信号反馈情况。开启与复位操作应灵活可靠，关闭时应严密，反馈信号应正确。

4. 防烟系统功能

（1）自动控制方式下，分别触发两个相关的火灾探测器，查看相应送风阀、送风机的动作和信号反馈情况。

（2）送风口的风速不宜大于 7m/s。

（3）防烟楼梯间的余压值应为 40~50Pa，前室、合用前室的余压值应为 25~30Pa。

5. 排烟系统功能

（1）应能自动和手动启动相应区域排烟阀、排烟风机，并向火灾报警控制器反馈信号。设有补风的系统，应在启动排烟风机的同时启动送风机。

（2）排烟口的风速不宜大于 10m/s，排烟量应符合设计要求。

（3）当通风与排烟合用风机时，应能自动切换到高速运行状态。

（4）电动排烟窗系统，应具有直接启动或联动控制开启功能。

（二）技术要求

1. 防烟、排烟装置

（1）设置机械防、排烟设施的场所、部位、数量应符合设计要求，并符合现行国家相关规范的规定；

（2）设置自然排烟设施的场所，其自然排烟口的净面积应符合设计要求。

2. 控制柜

（1）应有标明系统名称和编号的标志；

（2）按钮启停每台风机，仪表、指示灯应显示正常；

（3）应有手动、自动切换装置，开关及控制按钮应灵活可靠。

3. 防烟、排烟风机

（1）应有标明系统名称和编号的标志；

（2）传动皮带的防护罩、新风入口的防护网应完好；

（3）启动后叶轮旋转方向应正确、运转平稳、无异常振动与声响；

（4）风机的型号、规格应符合设计要求。

4. 送风口、送风阀

（1）安装符合要求，安装牢固；

（2）开启、复位操作应灵活可靠，关闭时应严密，输出反馈信号应正确；

（3）送风口的风叶无变形、动作无卡阻现象。

5. 排烟阀（口）、排烟防火阀、活动挡烟垂壁

（1）安装应符合要求，且安装牢固，方向、位置正确；

（2）开启、复位操作应灵活可靠，关闭应严密，输出反馈信号应正确；

（3）排烟阀（口）、排烟防火阀动作应符合现行国家相关规范的规定；

（4）活动挡烟垂壁应符合设计要求。

6. 防火阀

（1）防火阀型号、规格、设置位置应符合设计要求；

（2）防火阀暗装时，应在安装部位设置方便检修的检修孔；

（3）在防火阀两侧各 2.0m 范围内的风管及其绝热材料应采用不燃材料。

7. 管道

（1）防烟、排烟管道必须采用不燃材料，排烟管道应采取隔热防火措施或与可燃物保持不小于 150mm 的间距；

（2）管道表面应平整、无损坏，接管合理，风管的连接以及风管与风机的连接，应无明显缺陷，管道应安装牢固；

（3）采用土建风道时，与风口连接处应严密不漏风。

8. 系统功能

（1）应能自动和手动控制启动相应区域的送风阀、送风机或排烟阀、排烟风机，且风机运转正常；设有补风的系统，应在启动排烟风机的同时启动送风机；

（2）风阀、风机动作的信号，应传至消防控制室，并能在消防联动控制器上显示；

（3）送风口的风速不宜大于 7m/s，排烟口的风速不宜大于 10m/s，风机的风量应符合设计要求；

（4）防烟楼梯间的余压值应为 40～50Pa，前室、合用前室的余压值应为 25～30Pa；

（5）当通风与排烟共用风机时，火灾时应能自动切换到高速运行状态；

（6）排烟阀（口）平时应关闭，并应设置手动和自动开启装置；

（7）排烟阀（口）应与排风机连锁，当任意排烟阀（口）开启时，排烟风机应能自行启动；

（8）消防联动控制器联动控制排烟阀（口）开启时，应同时停止该防烟分区的空气调节系统；

（9）在排烟风机入口处的总管上应设排烟防火阀，该阀应与排烟风机联锁，当该防火阀关闭时，排烟风机应能停止运转，并能向消防控制室反馈信号；

（10）电动排烟窗系统，应具有直接启动或联动控制开启功能。

5.2.10　应急照明和疏散指示标志检测

（一）检测方法

1. 应急照明

（1）查看外观和位置，核对指示方向。

（2）按下列方法切断正常供电电源，用秒表测量应急工作状态的持续时间：

1）自带电源型和子母电源型切断其主供电电源。

2）集中电源型切断其控制器主电源。

3）接在消防配电线路上的应急照明灯具，切断非消防电源。

（3）使用照度计，测量两个疏散照明灯之间地面中心的照度；达到规定的应急工作状态持续时间时，重复测量上述测点的照度。

（4）配电室、消防控制室、消防水泵房、防烟排烟机房、消防用电的蓄电池室、自备发电机房、电话总机房以及发生火灾时仍需坚持工作的其他房间，使用照度计测量正常照明时的工作面照度；切断正常照明后，测量应急照明时工作面的最低照度。其工作面的照度，不应低于正常照明时的照度。

2. 疏散指示标志

（1）查看外观和位置，核对指示方向。疏散指示标志安装应牢固、无遮挡，疏散方向的指示应正确清晰。

（2）关闭正常照明，查看发光疏散指示标志的自发光情况，测试亮度。其亮度应符合要求，持续时间不应低于20min。

（3）切断正常供电电源，在灯光疏散指示标志前通道中心处，用照度计测量地面照度；照度应符合要求。

（二）技术要求

1. 应急照明

（1）应急照明安装位置、数量、规格型号应符合设计要求；

（2）应急灯具宜设置在墙面的上部、顶棚上或出口的顶部，安装应牢固、无遮挡；

（3）应急转换时间应不大于5s；

（4）疏散走道的地面最低水平照度不应低于0.5lx；人员密集场所内的地面最低水平照度不应低于1.0lx；楼梯间内的地面最低水平照度不应低于5.0lx；

（5）消防控制室、消防水泵房、自备发电机房、配电室、防烟与排烟机房以及发生火灾时仍需正常工作的其他房间的消防应急照明，仍应保证正常照明的照度；

（6）消防应急照明灯具的备用电源的持续时间不应少于 30min；

（7）对有语音提示的消防应急灯具，其语音宜使用"这里是安全（紧急）出口"、"禁止入内"等；

（8）集中控制型消防应急灯具的控制器及应急电源应满足《消防应急照明和疏散指示系统》GB 17945 的规定；

（9）应急照明灯具外观应无腐蚀、剥落和机械损伤等缺陷；

（10）自带电源型和子母电源型消防应急灯具不应采用铅酸电池或其他非密封电池，电池种类、容量、型号应与检验报告记载内容一致；

（11）消防应急灯具的外壳应选用不燃材料或难燃材料（氧指数≥132）制造。

2. 疏散指示和安全标志

（1）疏散指示和安全标志设置位置、数量、规格型号应符合设计要求；

（2）疏散指示灯的设置，应不影响正常通行，并在其周围不得有妨碍公共视读疏散指示灯的物体，安装应牢固；

（3）安全出口和疏散门的正上方应采用"安全出口"作为指示标志；

（4）沿疏散走道设置的灯光指示标志，应设置在疏散走道及其转角处距地面高度 1.0m 以下的墙面上，且灯光疏散指示标志间距不应大于 20m；对于袋形走道，不应大于 10m；在走道转角区，不应大于 1.0m；

（5）应正确指示疏散通道的方向，箭头指示方向应与疏散方向相同；

（6）应急转换时间应不大于 5s；

（7）疏散指示和安全标志的备用电源的持续时间不应少于 30min；

（8）疏散走道的地面最低水平照度不应低于 0.5lx；

（9）疏散指示和安全标志外观应无腐蚀、剥落和机械损伤等缺陷；

（10）最大观察距离大于 10m 的消防安全标志，其标志尺寸长度应不小于 400mm；最大观察距离大于 16m 的消防安全标志，其标志尺寸长度应不小于 600mm；超市和其他歌舞娱乐等人员密集场所的消防安全标志，其标志尺寸长度应不小于 400mm，且不低于前述尺寸要求。

5.2.11 应急广播系统检测

（一）检测方法

1. 扩音机

（1）查看仪表、指示灯、开关和控制按钮。

（2）用话筒播音，检查监听效果。

2. 扬声器

检查外观及音响效果。

3. 系统功能

（1）在消防控制室用话筒对所选区域播音，检查音响效果。

（2）自动控制方式下，分别触发两个相关的火灾探测器或触发手动报警按钮后，核对启动火灾应急广播的区域、检查音响效果。

（3）公共广播扩音机处于关闭和播放状态下，自动和手动强制切换火灾应急广播。

（4）用声级计测试启动火灾应急广播前的环境噪声，当大于 60dB 时，火灾应急广播应高于背景噪声15dB。

（二）技术要求

（1）火灾事故广播的设置、规格、数量应符合设计要求

（2）从一个防火分区内或本楼层内的任何部位到最近一个扬声器的距离不应大于25m，走道内最后一个扬声器至走道末端的距离不应大于12.5m；

（3）在环境噪声大于60dB的场所，扬声器在其播放范围内最远点的声压级应高于背景噪声15dB；

（4）火灾确认后，火灾应急广播与广播音响系统合用时，应按疏散顺序将火灾疏散层的扬声器和广播音响强制转入火灾应急广播状态；

（5）应能进行选区（层）广播；

（6）消防控制室应能监控用于火灾应急广播时的扩音机的工作状态，并应具有遥控开启扩音机和采用传声器播音的功能；用传声器播音时，能自动对广播内容进行录音。

5.2.12　消防专用电话检测

（一）检测方法

1. 用消防专用电话通话，检查通话效果。

2. 用插孔电话呼叫消防控制室，检查通话效果。

3. 查看消防控制室、消防值班室、企业消防站等处的外线电话。

（二）技术要求

（1）消防控制室、消防值班室或企业消防站等处，应设置可直接报警的外线电话，并通话语音应清晰；

（2）在消防控制室与所有消防电话、电话插孔之间互相呼叫与通话，总机应能显示每部分机或电话插孔的位置，呼叫铃声和通话语音应清晰；

（3）设置火灾自动报警系统的隧道，隧道出入口以及隧道内每隔100～150m处，应设置报警电话和报警按钮；

（4）消防水泵房、备用发电机房、配变电室、主要通风和空调机房、排烟机房、消防电梯房等应设置消防专用电话分机；

（5）设有手动火灾报警按钮、消火栓按钮等处宜设置电话插孔；

（6）避难层应每隔20m设置一个消防专用电话分机或电话插孔；

（7）消防电话的设置、数量应符合设计要求。

5.2.13　防火分隔设施检测

（一）检测方法

1. 防火门

（1）查看外观、关闭效果，双扇门的关闭顺序。

（2）关闭后，分别从内外两侧开启。

（3）开启常闭防火门，查看关闭效果。

（4）分别触发两个相关的火灾探测器，查看相应区域电动常开防火门的关闭效果及反馈信号。

（5）疏散通道上设有出入口控制系统的防火门，自动或远程手动输出控制信号，查看出入口控制系统的解除情况及反馈信号。

2. 防火卷帘

(1) 查看外观。

(2) 按下列方式操作，查看卷帘运行情况反馈信号后复位。

1) 机械操作卷帘升降。

2) 触发手动控制按钮。

3) 消防控制室手动输出遥控信号。

4) 分别触发两个相关的火灾探测器。

3. 电动防火阀

(1) 查看外观。

(2) 手动开启后复位。

(3) 分别触发两个相关的火灾探测器，查看动作情况和反馈信号后复位。

（二）技术要求

1. 防火门

(1) 防火门的型号、规格、类别、数量、耐火等级应符合设计要求，且安装符合 GB 12955 的规定；

(2) 防火门的门框、门扇表面应无明显凹凸、擦痕等缺陷；闭门器、锁具的外观不应有明显损坏；

(3) 防火门组件应齐全完好，启闭灵活、关闭严密；

(4) 疏散通道上的防火门应向疏散方向开启，并具有自行关闭功能，双扇防火门应能按顺序关闭，且关闭后应能从内、外两侧人为开启；

(5) 常闭防火门面向人流方向应粘贴"常闭防火门，请保持关闭"标志；

(6) 常开电动防火门，应在火灾报警后自动关闭，并能向消防控制室输出反馈信号；

(7) 对镶玻璃防火门应采用具有防火性能的玻璃；

(8) 设置在疏散通道上并设有出入口控制系统的防火门和疏散用门，应能自动和手动解除出入口控制系统，并应在显著位置设置标示和使用提示。

2. 防火卷帘

(1) 防火卷帘的型号、规格、类别、数量、位置、耐火等级应符合设计要求，且安装符合《防火卷帘》GB 14102 的规定；

(2) 防火卷帘组件应齐全完好；

(3) 现场手动、远程手动、自动控制及应急机械操作应正常，且关闭严密；

(4) 运行应平稳顺畅、无卡涩现象；

(5) 安装在疏散通道上的防火卷帘，应在防火卷帘两侧设置启闭装置，并应具有自动、手动和机械控制的功能；自动控制时，在卷帘两侧的任意一个感烟探测器报警后下降至距地面 1.8m 处停止，待安装在卷帘两侧的任意一个感温探测器报警，完全下降至地面；

(6) 仅用于防火分隔的防火卷帘，应在该防火分区内任意点报警后直接下降至地面；

(7) 当采用包括背火面温升作耐火极限判定条件的防火卷帘时，其耐火极限不低于 3.00h；当采用不包括背火面温升作耐火极限判定条件的防火卷帘时，其卷帘两侧应设独立的闭式自动喷水系统保护，系统喷水延续时间不应小于 3.00h；

（8）防火卷帘动作后应向火灾报警控制器输出反馈信号；

（9）防火卷帘应设有速放控制装置，能手动、自动实现防火卷帘自重下降功能。

5.2.14　消防电梯检测

（一）检测方法

1. 触发首层的迫降按钮，查看消防电梯运行情况。

2. 在轿厢内用专用对讲电话通话，并控制轿厢的升降。

3. 用秒表测量自首层升至顶层的运行时间。

4. 具有联动功能的消防电梯，分别触发两个相关的火灾探测器，查看电梯的动作情况和反馈信号。

5. 触发消防控制设备远程控制按钮，重复试验。

（二）技术要求

（1）火灾确认后，应在控制室手动或自动控制电梯全部停于首层；

（2）消防电梯的设置、数量应符合设计要求；

（3）消防电梯应在首层设置供消防人员专用的操作按钮，应用透明罩保护，当触发按钮时，能控制消防电梯下降至首层，此时其他楼层按钮不能呼叫控制消防电梯，只能在轿厢内控制；

（4）消防控制柜应接收和显示其停于首层或转换层的反馈信号；

（5）消防电梯轿厢内应设专用对讲电话，且通话清晰；

（6）消防电梯的配电箱应设置双电源自动切换装置；

（7）消防电梯的井底应设排水设施，排水井容量不应小于 $2m^3$，排水泵的排水量不应小于 10L/s；

（8）消防电梯从首层升至顶层运行时间不应超过 60s；

（9）消防电梯的载重量应大于 800kg。

小　结

本项目主要介绍了火灾自动报警与联动控制系统安装调试的一般规定、施工工序及要点、线路安装方法及要求、系统设备器件安装方法及要求、系统调试程序及调试方法；建筑消防设施检测一般要求、消防供配电设施检测、火灾自动报警系统检测、消防供水检测、消火栓、消防炮检测、自动喷水灭火系统检测、泡沫灭火系统检测、气体灭火系统检测、防烟、排烟系统检测、应急照明和疏散指示标志检测、应急广播系统检测、消防专用电话检测、防火分隔设施检测、消防电梯检测，各项检测的方法与技术要求，检测结果的评定。

复 习 思 考 题

05.00.002 ①

云题

1. 消防设施现场检查内容？

2. 简述火灾自动报警系统施工顺序。

3. 简述火灾自动报警系统线路施工程序。

4. 简述控制器类设备的安装、调试及检测要求。

5. 简述火灾探测器的安装、调试及检测要求。

6. 简述手动火灾报警按钮的安装、调试及检测要求。

7. 简述消防电气控制装置的安装、调试及检测要求。

8. 简述模块安装的安装、调试及检测要求。

9. 简述消防应急广播扬声器和火灾警报器的安装、调试及检测要求。

10. 简述消防专用电话的安装、调试及检测要求。

11. 简述消防设备应急电源的安装、调试及检测要求。

12. 简述可燃气体探测报警系统和电气火灾监控系统的安装、调试及检测要求。

附 图

某高层建筑火灾自动报警系统施工图实例

火灾自动报警设计说明

一、工程概况

1. 本工程地上共15层，地下1层，其中地下1层为设备用房，地上部分为办公业务用房。
2. 本工程建筑总高度为57.3m，总建筑面积约为16063m²，属一类高层公共建筑。

二、火灾自动报警系统设备组成

1. 本项目共设一个消防控制室：一层，有直接对外的出口。

消防控制室内设：火灾报警控制器、消防联动控制器、消防控制室图形显示装置、消防电话总机、消防应急广播控制装置、消防应急照明和疏散指示系统控制装置、消防专用电话、防火门监控器或报警及消防设备电源监控功能的设备等。

2. 采用两级火灾报警系统设计：

（1）火灾报警控制器单用作接连探测器的各种火灾探测器、手动火灾报警按钮和消防联动控制器连接在同一总线回路上时其总线回路的总数不应超过200点，且每回路实际连接的总数不宜超过200点。其中每一总线短路隔离器保护的火灾探测器、手动火灾报警按钮和模块等消防设备的总数不应超过32点，总线穿越防火分区时应设置总线短路隔离器。

（2）火灾自动报警系统总线上应设置总线短路隔离器，每只总线短路隔离器保护的消防设备的总数不应超过32点。总线穿越防火分区时，应在穿越处设置总线短路隔离器。

（3）系统总线上应设置的各种火灾探测器、手动火灾报警按钮和模块等消防设备的总数和地址总数均不应超过3200点，且每一总线回路连接设备的总数不宜超过100点，应留有不少于额定容量10%的余量。

（4）探测器报警总线上设置的短路隔离器所保护的火灾探测器、手动火灾报警按钮和模块等消防设备的总数不应超过32点。

3. 探测器设置：

上表消防探测器，在有吊顶的消防区域安装于吊顶下。
气体、可燃探测器安装设于保护区附近墙上。

4. 消防联动控制的要求：

（1）消防联动控制器的应符合《消防联动控制系统》GB16806的要求。
（2）消防联动控制器应设置可直接手动控制的消防设备的启动按钮和停止按钮，显示其状态，并能够按照预设逻辑关系完成"与"逻辑组合。
（3）相关自动联动反馈信号，需要火灾信号控制的消防设备，其反馈信号应作为其对应设备动作状态的确认信号。
（4）采用两个独立的报警触发器件的报警信号或一个报警触发器件的报警信号和一个消防联动动作信号和同一个探测区域内的两个及以上火灾探测器的报警信号的"与"逻辑组合。

5. 对火灾报警系统的控制要求：

（1）确认火灾后应自动启动应急广播系统。
（2）应由同一防护区域内两只独立的火灾探测器或一只火灾探测器与一只手动火灾报警按钮的报警信号，作为自动启动消防设备的联动触发信号。
（3）由电动排烟窗、排烟阀或排烟口、电动挡烟垂壁、排烟风机等消防联动动作设备，应由火灾自动报警系统的启动。
（4）自动打开涉及疏散的电动栅栏等，开启相关层安全技术防范系统的摄像机。
（5）打开疏散通道上由门禁系统控制的门，并联动开启相关区域安全技术防范系统的摄像机。
（6）联动控制方式，应由设置在防护区域出入口处的水流指示器、压力开关、高位消防水箱出水管上设置的流量开关或报警阀压力开关等信号作为触发信号，直接控制启动喷淋消防泵，联动控制不应受消防联动控制器处于自动或手动状态影响。当发生火灾时，由消防联动控制器控制消火栓泵的启动。

手动控制方式，应将消火栓按钮、设置在消火栓箱内的按钮的启动和停止按钮用专用线路直接连接至设置在消防控制室内的消防联动控制器的手动控制盘，直接手动控制消火栓泵的启动、停止。消火栓泵的动作信号应反馈至消防联动控制器。

气体灭火系统的联动控制设计：

气体灭火控制器应由同一防护区域内两只独立的火灾探测器的报警信号、一只火灾探测器与一只手动火灾报警按钮的报警信号、作为系统的联动触发信号，探测器的组合宜采用感烟火灾探测器和感温火灾探测器，各类探测器应按单独的地址单元设置。

（1）应由同一防护区域内两只独立的火灾探测器的报警信号、一只火灾探测器与一只手动火灾报警按钮的报警信号、作为系统的联动触发信号。
（2）气体灭火控制器、防火火灾报警控制器直接连接火灾探测器时，应符合下列规定：

区内的火灾探测器、手动火灾报警按钮和声光警报器。并连接有一个联动触发信号为其中设置的防护区域内同一防护区域内的报警信号。在接收到两个独立的火灾报警信号后，应由气体灭火控制器或防火区火灾报警控制器启动气体灭火装置。

气体灭火控制器直接连接火灾探测器时，其自动控制方式应符合下列规定：

（1）应由同一防护区域内两只独立的火灾探测器的报警信号、一只火灾探测器与一只手动火灾报警按钮的报警信号、作为系统的联动触发信号；作为系统的联动触发信号面面。各类探测器应按单独的地址单元设计，探测器应先行相应的保护。
（2）应由防护区域出口外的手动与自动转换开关实现其两种控制方式的转换，防护区外应设手动启动装置。

气体灭火系统的防护区域内设置的区域警报装置的报警信号，应由气体灭火控制器或防火区火灾报警控制器的其预设逻辑控制。

（3）防护区域（消）防火区、（消）风机（通风空调机）等风机设计：

1）应停止该防护区域及与其相关的通风空调系统、关闭该防护区域的电动防火阀。
2）停止通风和空调系统及关闭防护区域内的开口设备，包括关闭相应防火阀门和通风管道。
3）启动气体灭火装置，气体灭火控制器可设定不大于30s的延迟喷射时间。

（4）对防护对象设置气体灭火系统的火灾声报警器，应设置火灾声光警报器，指示气体喷洒动作状态，并应在防护区域外出入口处设置表示气体喷洒的火灾声光警报器和手动与自动转换状态的显示装置。气体灭火装置启动及喷放各阶段的联动控制及系统各部分动作和状态信号。应反馈至消防联动控制器。

6. 联动控制方式，应由加压送风口所在防火分区的两只独立的火灾探测器或一只火灾探测器与一只手动火灾报警按钮的报警信号，作为送风口开启和加压送风机启动的联动触发信号，并应由消防联动控制器控制相关层前室等需要加压送风处的加压送风口开启和加压送风机启动。

7. 防排烟系统的联动控制设计应符合下列规定：

（1）防烟系统的联动控制方式应符合下列规定：
1）应由加压送风口所在防火分区内的两只独立的火灾探测器或一只火灾探测器与一只手动火灾报警按钮的报警信号，作为送风口开启和加压送风机启动的联动触发信号，并应由消防联动控制器控制相关层前室等需要加压送风处的加压送风口开启和加压送风机启动。
2）应由同一防烟分区内且位于电动挡烟垂壁附近的两只独立的感烟火灾探测器的报警信号，作为电动挡烟垂壁降落的联动触发信号，并应由消防联动控制器控制电动挡烟垂壁的降落。

（2）排烟系统的联动控制方式应符合下列规定：
1）应由同一防烟分区内的两只独立的火灾探测器的报警信号，作为排烟口、排烟窗或排烟阀开启的联动触发信号，并应由消防联动控制器控制排烟口、排烟窗或排烟阀的开启，同时停止该防烟分区的空气调节系统。
2）应由排烟口、排烟窗或排烟阀开启的动作信号，作为排烟风机启动的联动触发信号，并应由消防联动控制器控制排烟风机的启动。

8. 防排烟系统的联动控制设计：

（1）防烟系统、排烟系统的手动控制方式，应能在消防控制室内的消防联动控制器上手动控制送风口、电动挡烟垂壁、排烟口、排烟窗、排烟阀的开启或关闭及防烟风机、排烟风机等设备的启动或停止，防烟、排烟风机的启动、停止按钮应采用专用线路直接连接至设置在消防控制室内的消防联动控制器的手动控制盘，并应直接手动控制防烟、排烟风机的启动、停止。

（2）送风口、排烟口、排烟窗或排烟阀开启和关闭的动作信号，防烟、排烟风机启动和停止及电动防火阀关闭的动作信号，均应反馈至消防联动控制器。

（5）排烟风机入口处的总管上设置的排烟防火阀在280℃时应自动关闭，并应连锁关闭排烟风机和补风机。

9. 防火卷帘系统的联动控制设计：

（1）防火卷帘的升降应由防火卷帘控制器控制。

（2）疏散通道上设置的防火卷帘的联动控制设计，应符合下列规定：

联动控制方式，防火分区内任两只独立的感烟火灾探测器或任一只专门用于联动防火卷帘的感烟火灾探测器的报警信号应联动控制防火卷帘下降至距楼板面1.8m处；任一只专门用于联动防火卷帘的感温火灾探测器的报警信号，应联动控制防火卷帘下降到楼板面；在卷帘的任一侧距卷帘纵深0.5～5m内应设置不少于2只专门用于联动防火卷帘的感温火灾探测器。

手动控制方式，应由防火卷帘两侧设置的手动控制按钮控制防火卷帘的升降，并应能在消防控制室内的消防联动控制器上手动控制防火卷帘的降落。

非疏散通道上设置的防火卷帘的联动控制设计，应符合下列规定：

联动控制方式，应由防火卷帘所在防火分区内任两只独立的火灾探测器的报警信号，作为防火卷帘下降的联动触发信号，并应联动控制防火卷帘直接下降到楼板面。

手动控制方式，应由防火卷帘两侧设置的手动控制按钮控制防火卷帘的升降，并应能在消防控制室内的消防联动控制器上手动控制防火卷帘的降落。

10. 电梯的联动控制设计：

（1）消防联动控制器应具有发出联动控制信号强制所有电梯停于首层或电梯转换层的功能。
（2）电梯运行状态信息和停于首层或转换层的反馈信号，应传送给消防控制室显示，轿厢内应设置能直接与消防控制室通话的专用电话。

11. 火灾警报和消防应急广播系统的联动控制设计：

火灾自动报警系统应设置火灾声光警报器，并应在确认火灾后启动建筑内的所有火灾声光警报器。

（1）未设置消防联动控制器的火灾自动报警系统，火灾声警报器应由火灾报警控制器控制。
（2）设置消防联动控制器的火灾自动报警系统，火灾声警报器应由火灾报警控制器或消防联动控制器控制。
（3）公共场所宜设置具有同一种火灾变调声的火灾声警报器。
（4）火灾声警报器单次发出火灾警报时间宜为8～20s，同时设有消防应急广播时，火灾声警报应与消防应急广播交替循环播放。

集中设置消防应急广播的建筑，消防应急广播系统的联动控制信号应由消防联动控制器发出。当确认火灾后，应同时向全楼进行广播。

消防应急广播的单次语音播放时间宜为10～30s，应与火灾声警报器分时交替工作，可采取1次火灾声警报器播放、1次或2次消防应急广播交替播放的循环方式进行。

消防控制室应能手动或按预设控制逻辑联动控制选择广播分区、启动或停止应急广播系统，并应能监听消防应急广播。在通过传声器进行应急广播时，应自动对广播内容进行录音。

消防控制室内应能显示消防应急广播的广播分区的工作状态。

消防应急广播与普通广播或背景音乐广播合用时，应具有强制切入消防应急广播的功能。

12. 可燃气体探测报警系统的联动控制设计：

（1）可燃气体探测报警系统应独立组成，可燃气体探测器不应接入火灾报警控制器的探测器回路。
（2）可燃气体探测报警系统的保护区域应根据可燃气体使用和释放场所的不同，探测气体密度大于空气密度的可燃气体探测器应设置在被保护空间的顶部，探测气体密度小于空气密度的可燃气体探测器应设置在被保护空间的下部。

13. 消防应急照明：

（1）设置UPS作为应急电源时，其连续供电时间不应小于应急疏散照明的疏散应急切换时间要求。
（2）消防应急照明灯均采用双电源供电方式，此电源由双路电源由各自专用回路供电。
（3）消防应急照明灯具采用壁挂式安装时，底边距地不应小于2.2m；顶装型底边距地不应大于1m；吸顶安装时，接线盒采用波纹管连接。

14. 消防系统线路的选择及敷设方式：

（1）火灾自动报警系统的传输线路和50V以下供电的控制线路，应采用电压等级不低于交流300V的铜芯绝缘导线或铜芯电缆。火灾自动报警系统传输线路的线芯截面要求，其选择除满足自动报警装置技术条件的要求外，采用铜芯绝缘导线，其截面积不应小于1.0mm²。

（2）火灾自动报警系统用的电线电缆BV-1×35mm²PVC32，要求其余金属接地电阻不应大于1Ω，接地电缆采用BV-1×16mm²。

（3）信号传输线缆采用BV双绞线，NHBV-2×2.5，电源干线采用NH-BV-2×4，波经线采用NH-DN-2.5，电源线采用NH-BV-2×CM，防火分区，电话线采用电话电缆，消防电话主机至各层电话插孔采用RVVP-2×1.0，接地线采用BV-1×16mm²。

（4）信号传输电缆RVS-1×2.5（波经2对RVS×1.5）通信传输线采用NH-DN双绞专用线缆，均可用电缆沟槽敷设。

处理信息管理和传输信息采用穿金属管，且其线路暗敷时应敷设在不燃烧体的结构层内，保护层厚度不宜小于30mm，线路明敷设时，应采用金属管或封闭式金属线槽，并应采取防火保护措施。当采用阻燃或耐火电缆时，敷设在电缆竖井内可不穿金属保护管。电气竖井内敷设的过孔线缆应采用防火封堵材料封堵，明敷管路采用金属管。

平面图中所有接地体均采用穿金属管敷设，由吊装接地螺丝干子与金属线缆连接，出吊装接地螺丝处应采用镀锌扁钢连接，接地采用桥架连接。各竖井设有各自用的采用金属并作端头接地。

各处安装位置及安装高度、要求均应参照图集的相关规定。若图集未作规定，安装位置、安装高度按相关规范要求处理，若遇各类线缆在穿越楼板处，应做好防火封堵，用防火材料封堵，电气竖井内预留的过线孔应采用有机堵料封堵，用防火材料封堵，封堵时应采用耐火极限不低于1.00h，火材料处理。

182

序号	图例	名　称	型号规格	单位	数量	安装方式
1	⬇	消火栓报警按钮	消火栓内安装	个	按实	
2	S	点型感烟探测器	与主设备一起招标或甲方选定	个	按实	吸顶带编址
3	⊓	点型感温探测器	与主设备一起招标或甲方选定	个	按实	吸顶带编址
4	◿	声光报警器	与主设备一起招标或甲方选定	个	按实	吸壁距地2.3m
5	Y	手动报警按钮	与主设备一起招标或甲方选定	个	按实	底边距地1.3m墙上安装
6	🔟	带电话插孔手动报警按钮	与主设备一起招标或甲方选定	个	按实	底边距地1.3m墙上安装
7	🖀	报警电话分机	与主设备一起招标或甲方选定	台	按实	底边距地1.3m墙上安装
8	◁	火警广播	与主设备一起招标或甲方选定	台	按实	吸顶
9	SI	短路隔离器	与主设备一起招标或甲方选定	台	按实	接线端子箱内或线路附近墙上距地2.2m
10	FI	区域显示盘	与主设备一起招标或甲方选定	台	按实	底边距地1.3m墙上安装
11	▱	水流指示器	详给排水专业	个	按实	
12	⋈	信号阀	详给排水专业	个	按实	
13	P	压力开关	详给排水专业	个	按实	
14	F	流量开关	详给排水专业	个	按实	
15	⋈	湿式报警阀	详给排水专业	个	按实	
16	I/O	输入输出模块	与主设备一起招标或甲方选定	个	按实	金属模块箱内安装或设备附近
17	I	输入模块	与主设备一起招标或甲方选定	个	按实	金属模块箱内安装或设备附近
18	O	输出模块	与主设备一起招标或甲方选定	个	按实	金属模块箱内安装或设备附近
19	M	金属模块箱	与主设备一起招标或甲方选定	个	按实	设备附近墙上距地1.5m或吸顶
20	▤	接线端子箱	与主设备一起招标或甲方选定	台	按实	电井或室外距地1.8m墙上安装
21	φ70℃	70摄氏度常开防火阀	暖通专业	个	按实	
22	φ280℃	280摄氏度常闭防火阀	暖通专业	个	按实	
23	φ	增压送风口	暖通专业	个	按实	
24	RS	防火卷帘控制器	随设备配套提供	台	按实	
25	PLB	喷淋泵控制柜	详配电箱结线系统图或随设备配套提供	台	按实	
26	XFB	消防泵控制柜	详配电箱结线系统图或随设备配套提供	台	按实	
27	SFJ	送风机控制箱	详配电箱结线系统图或随设备配套提供	台	按实	
28	PFJ	排烟风机控制箱	详配电箱结线系统图或随设备配套提供	台	按实	
29		集中型火灾报警控制器	招标或甲方选定最大3200点	台	按实	装于消防控制室内
30		消防联动控制器(含手动控制盘)	招标或甲方选定最大1600点	台	按实	装于消防控制室内
31		CRT彩色图形显示系统	配套提供	台	按实	装于消防控制室内
32		消防广播控制器	含消防广播功率放大器,音源设备,分区控制器等	台	按实	装于消防控制室内
33		消防对讲总机	配套提供	台	按实	装于消防控制室内
34		DC24V电源柜	配套提供	台	按实	装于消防控制室内
35	S	信号总线	ZR/RVS-2×1.5	米	按实	穿金属管暗敷或在封闭防火金属桥架内敷设
36	S1	通信线	RS485	米	按实	穿金属管暗敷或在封闭防火金属桥架内敷设
37	D	DC24V电源线	NHBV-2×4/2×2.5	米	按实	穿金属管暗敷或在封闭防火金属桥架内敷设
38	F	消防电话线	NH/RVS-2×1.5	米	按实	穿金属管暗敷或在封闭防火金属桥架内敷设
39	B	广播电话总线	NH/BV-2×1.5	米	按实	穿金属管暗敷或在封闭防火金属桥架内敷设
40	K	风机水泵多线直接控制线	NH/KVV(8×1.5)	米	按实	穿金属管暗敷或在封闭防火金属桥架内敷设
41		消防报警防火封闭金属线槽	CT300×100/100×100	米	按实	

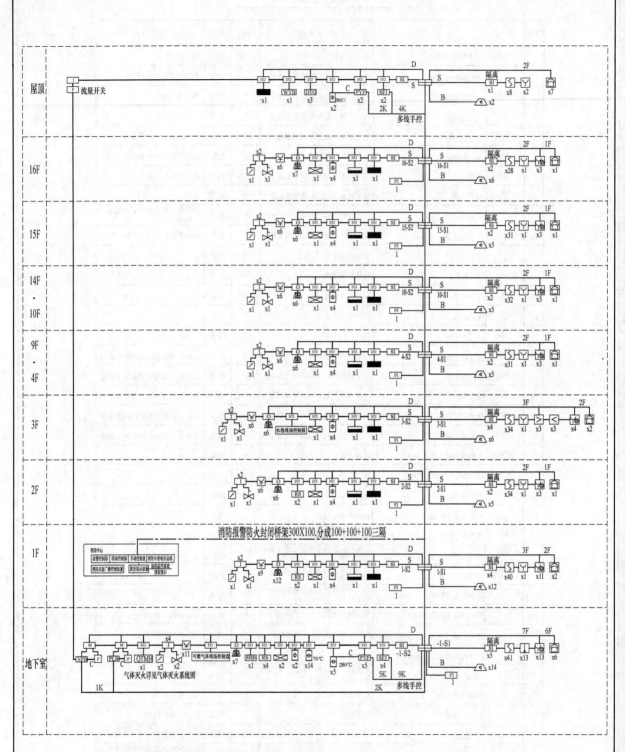

备注: 1. S:报警二总线 ,D:消防联动系统电源线路,B:消防广播线路,F:消防电话线路,C:直接控制线路;
　　　2.各模块采用铁质模块箱设在设备附近;
　　　3.每个报警回路设备总数不超过180点(考虑预留10%) ,每个总线短路隔离器后设备总数不超过32点。

火灾自动报警系统图

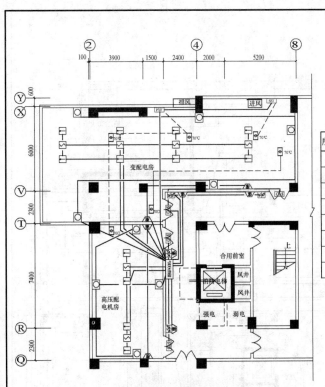

气体消防设备图例

序号	图例	名　称	安装方式	备　注
1	GAS	放气指示灯	距门上方0.3m墙上安装	
2		火灾声光警报器	距吊顶或顶棚下0.3m墙上安装	
3		气体灭火紧急启停按钮	嵌墙暗装底边距地1.3m	安装在各分区的进门边
4		气体区控模块	安装在接线盒内(嵌墙暗装)	
5	气体灭火控制盘	气体灭火控制器	防护区外底边距地1.5m墙上明装	安装在防护区外
6		七氟丙烷或其他气体施放阀	详气施	安装在防护区内

变配电房气体灭火联动平面图

变配电房气体灭火系统图

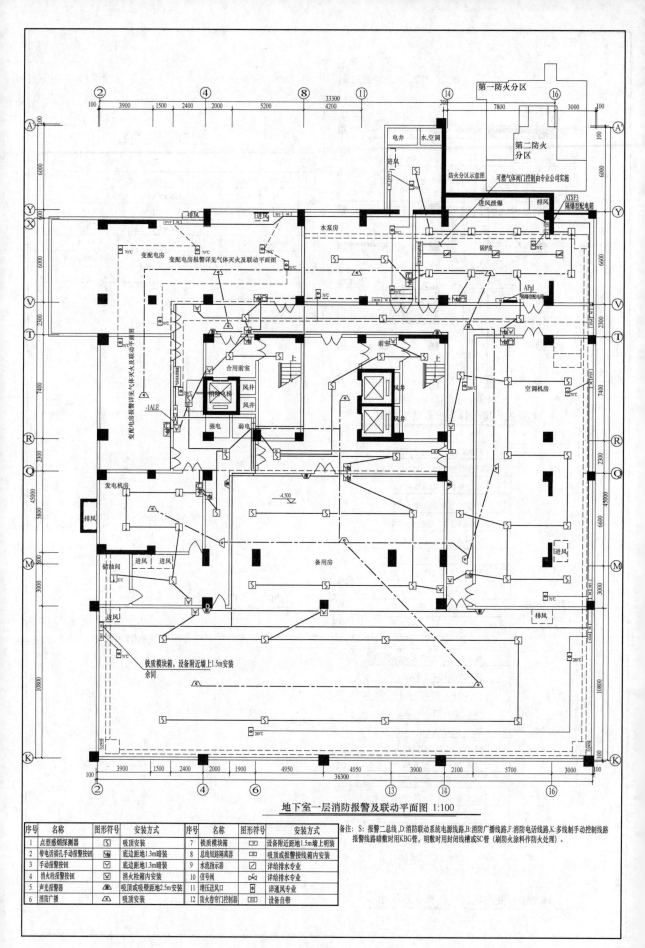

第一防火分区

第二防火分区

防火分区示意图

可燃气体阀门控制由专业公司实施

电井　水,空调

进风

进风泄爆　排风

ATSF3 隔爆型配电箱

变配电房

变配电房报警详见气体灭火及联动平面图

水泵房

锅炉房

APg1 隔爆型配电箱

70℃

变配电房报警详见气体灭火及联动平面图

前室

上

合用前室

消防电梯

风井

风井

强电　弱电

空调机房

-1ALE

发电机房

排风

-4.500

进风

储油间

进风　进风

EX

备用房

排风

铁质模块箱,设备附近上1.5m安装余同

进风

地下室一层消防报警及联动平面图 1:100

序号	名称	图形符号	安装方式	序号	名称	图形符号	安装方式
1	点型感烟探测器	Ⓢ	吸顶安装	7	铁质模块箱	▭	设备附近上距地1.5m墙上明装
2	带电话插孔手动报警按钮	⊠	底边距地1.3m墙上暗装	8	总线短路隔离器	▭	吸顶或总线接线箱内安装
3	手动报警按钮	▽	底边距地1.3m墙上暗装	9	水流指示器	▭	详见排水专业
4	消火栓报警按钮	▽	消火栓箱内安装	10	信号阀	▻◅	详见排水专业
5	声光报警器	◮	吸顶或吸壁距地2.5m安装	11	增压送风口	◉	详通风专业
6	消防广播	◮	吸顶安装	12	防火卷帘门控制器	▭	设备自带

备注: S:报警二总线,D:消防联动系统电源线路,B:消防广播线路,F:消防电话线路,K:多线制手动控制线路 报警线路暗敷时用KBG管,明敷时用封闭线槽或SC管(刷防火涂料作防火处理)。

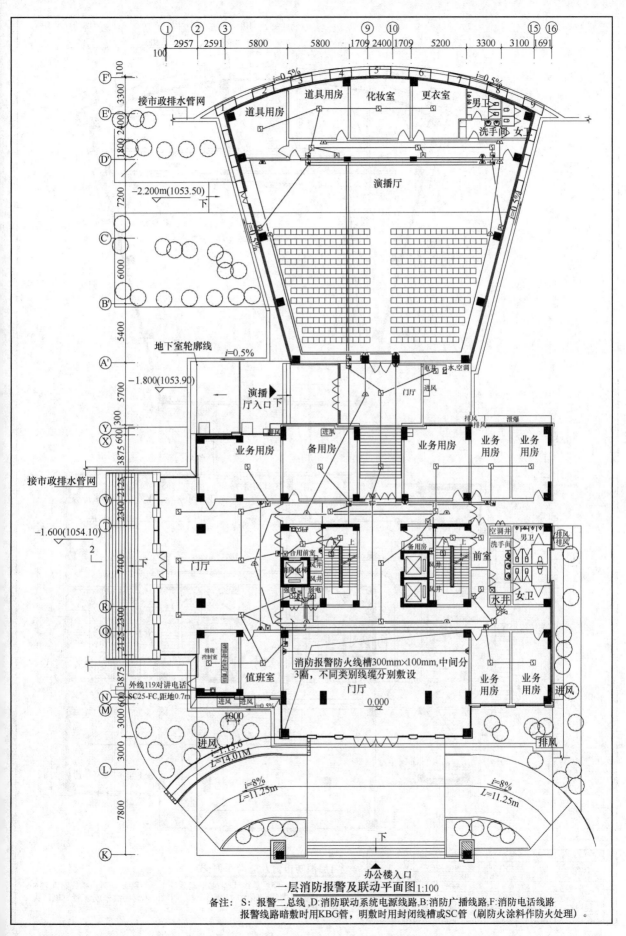

一层消防报警及联动平面图1:100

备注： S：报警二总线，D：消防联动系统电源线路，B：消防广播线路，F：消防电话线路
报警线路暗敷时用KBG管，明敷时用封闭线槽或SC管（刷防火涂料作防火处理）。

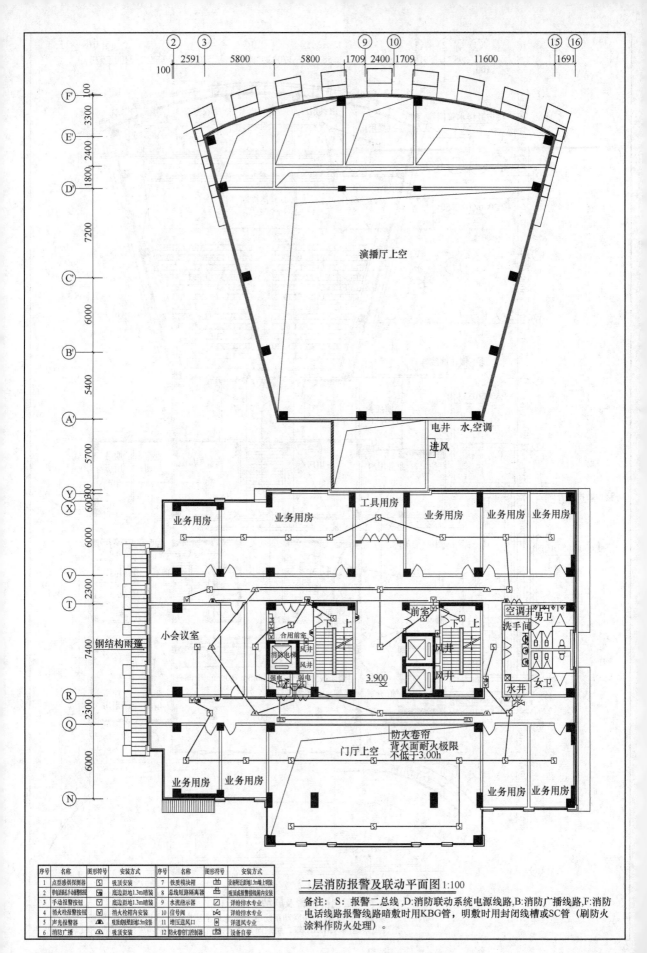

序号	名称	图形符号	安装方式	序号	名称	图形符号	安装方式
1	点型感烟探测器		吸顶安装	7	铁质模块箱		设备附近距地1.5m墙上明装
2	带电话孔手动报警按钮		底边距地1.3m暗装	8	总线短路隔离器		吸顶或报警接线箱内安装
3	手动报警按钮		底边距地1.3m暗装	9	水流指示器		详给排水专业
4	消火栓报警按钮		消火栓箱内安装	10	信号阀		详给排水专业
5	声光报警器		吸顶或墙壁距地2.5m安装	11	增压送风口		详通风专业
6	消防广播		吸顶安装	12	防火卷帘门控制器		设备自带

二层消防报警及联动平面图 1:100

备注：S：报警二总线，D:消防联动系统电源线路,B:消防广播线路,F:消防电话线路报警线路暗敷时用KBG管，明敷时用封闭线槽或SC管（刷防火涂料作防火处理）。

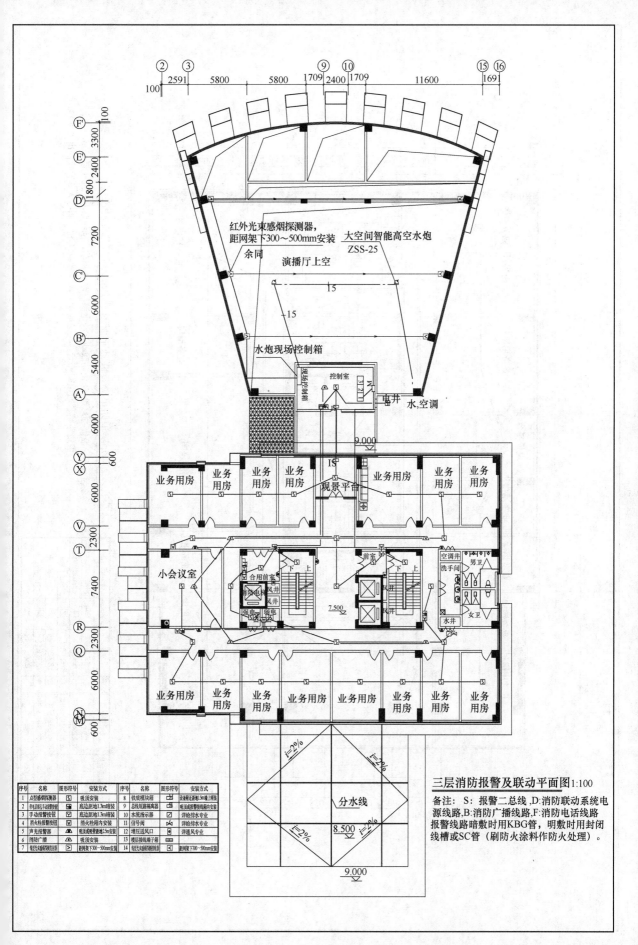

红外光束感烟探测器,
距网架下300～500mm安装
余同

大空间智能高空水炮
ZSS-25

演播厅上空

水炮现场控制箱

控制室

电井 水,空调

9.000

业务用房 业务用房 业务用房 业务用房 业务用房 业务用房

观景平台

业务用房 业务用房

小会议室

合用前室 前室 空调井
男卫
洗手间

风井 风井
上 下 上 下

7.500

女卫

水井

业务用房 业务用房 业务用房 业务用房 业务用房 业务用房 业务用房

i=2%
i=2%
i=2%

分水线

8.500

9.000

三层消防报警及联动平面图 1:100

备注: S: 报警二总线 ,D:消防联动系统电
源线路,B:消防广播线路,F:消防电话线路
报警线路暗敷时用KBG管,明敷时用封闭
线槽或SC管(刷防火涂料作防火处理)。

序号	名称	图形符号	安装方式	序号	名称	图形符号	安装方式
1	点型感烟探测器		吸顶安装	8	铁质模块箱		设备底距地1.50m上明装
2	带电话插孔手动报警按钮		底边距地1.3m暗装	9	总线短路隔离器		吸顶或报警线路箱内安装
3	手动报警按钮		底边距地1.3m暗装	10	水流指示器		详给排水专业
4	消火栓报警按钮		消火栓箱内安装	11	信号阀		详给排水专业
5	声光报警器		吸顶或底边距地2.5m安装	12	压差送风口		详通风专业
6	消防广播		吸顶安装	13	楼层接线端子箱		
7	线型光束感烟探测发射器		距网架下300～500mm安装	14	线型光束感烟探测接收器		距网架下300～500mm安装

189

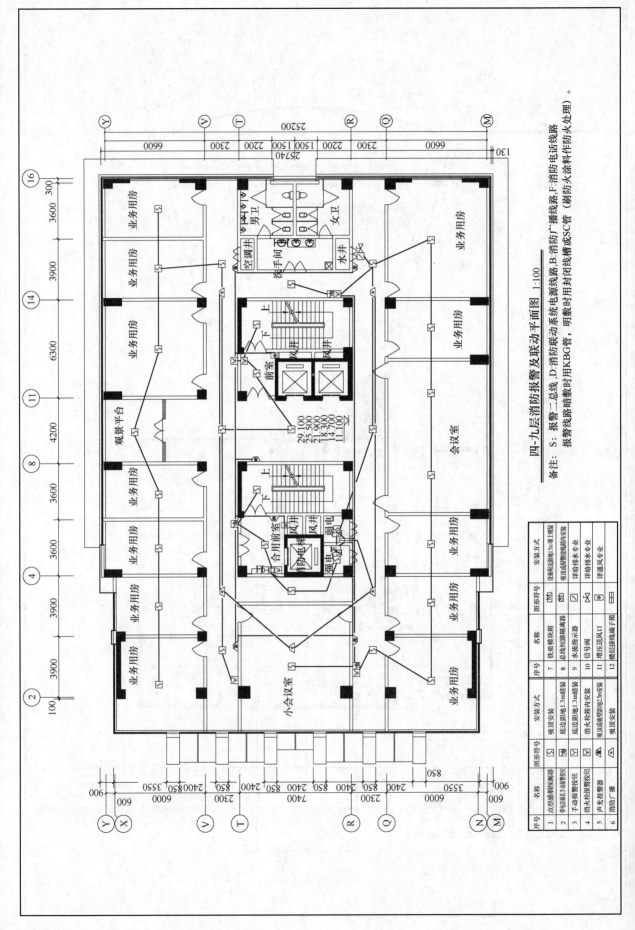

四-九层消防报警及联动平面图 1:100

备注：S：报警二总线，D：消防联动系统电源线路，B：消防广播线路，F：消防电话线路
报警线路暗敷时用KBG管，明敷时用封闭线槽或SC管（刷防火涂料作防火处理）。

序号	名称	图形符号	安装方式
1	点型感烟探测器		吸顶安装
2	带电话插孔手动报警按钮		底边距地1.3m暗装
3	手动报警按钮		底边距地1.3m暗装
4	消火栓箱内按钮		消火栓箱内安装
5	声光报警器		吸顶或墙顶距地2.5m安装
6	消防广播		吸顶安装

序号	名称	图形符号	安装方式
7	楼层模块箱		设备间或距地1.5m墙上明装
8	总线短路隔离器		吸顶或距顶端线路底部安装
9	水流指示器		详给排水专业
10	信号阀		详给排水专业
11	增压送风口		详通风专业
12	楼层配线接线端子箱		

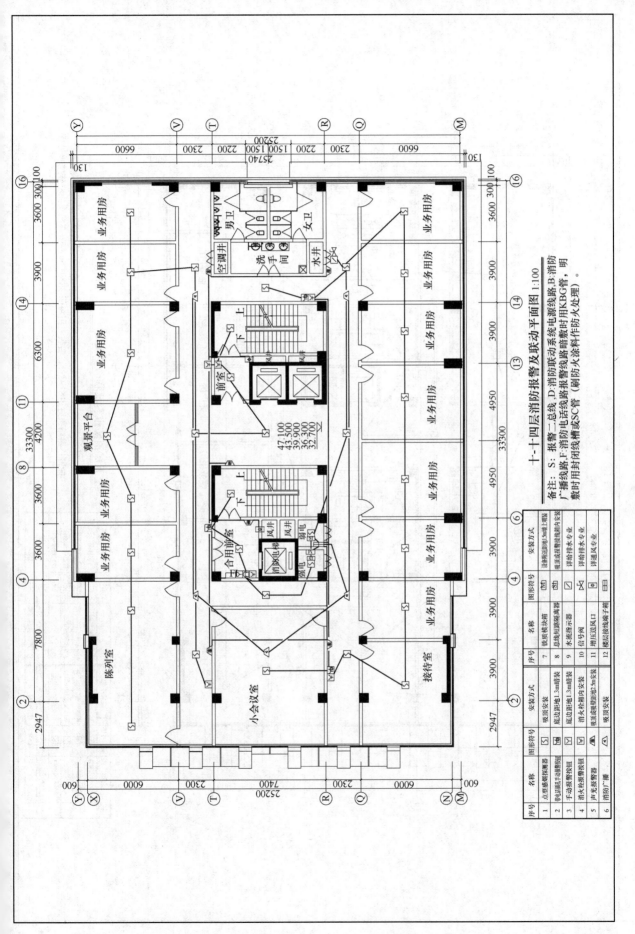

十一~十四层消防报警及联动平面图 1:100

备注：S:报警二总线,D:消防联动系统电源线路,B:消防广播线路,F:消防电话线路消警线路暗敷时用KBG管,明敷时用封闭线槽或SC管(刷防火涂料作防火处理)。

序号	名称	图形符号	安装方式
1	点型感烟探测器	⊠	吸顶安装
2	带电话插孔手动报警按钮	⊠	底边距地1.3m明装
3	手动报警按钮	⊠	底边距地1.3m明装
4	消火栓报警按钮	⊠	消火栓箱内安装
5	声光报警器	⊠	吸顶或底边距2.5m安装
6	消防广播	◁	吸顶安装
7	铁顶模块箱	⊡	吸顶或底边距1.3m吊顶内安装
8	总线短路隔离器	⊠	详细或底边距1.3m吊顶内安装
9	水流指示器	⊠	详给排水专业
10	信号阀	⋈	详给排水专业
11	增加送风口	⊡	详通风专业
12	楼层接线端子箱	⊞	

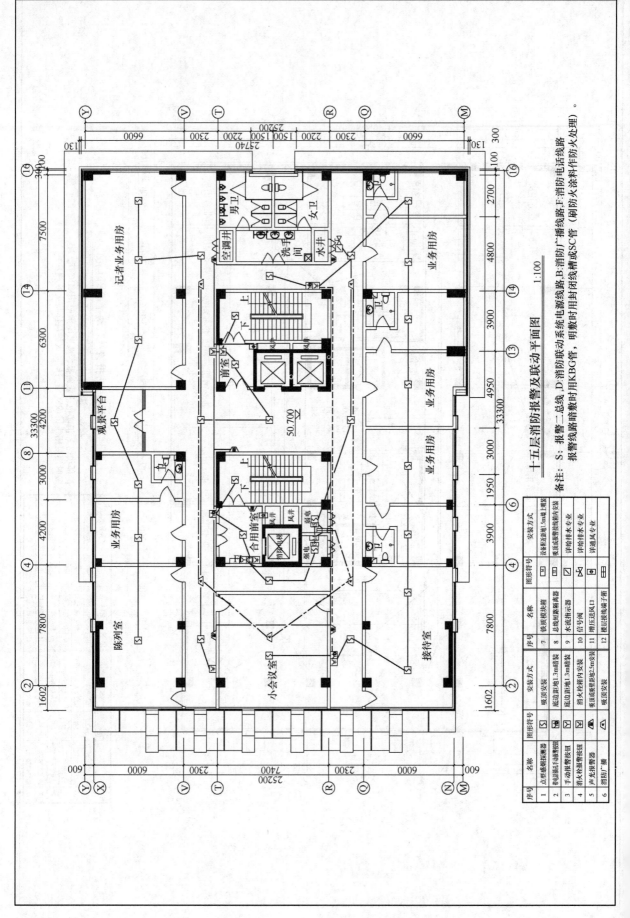

十五层消防报警及联动平面图 1:100

备注：S：报警二总线，D消防联动系统电源线路，B消防广播线路，F消防电话线路
报警线路暗敷时用KBG管，明敷时用封闭线槽或SC管（刷防火涂料作防火处理）。

序号	名称	图形符号	安装方式
1	点型感烟探测器		吸顶安装
2	集中型火灾报警器		壁挂安装底边距地1.5m
3	手动报警按钮		底边距地1.3m暗装
4	消火栓报警按钮		消火栓箱内安装
5	声光报警器		壁挂或底距地2.5m安装
6	消防广播		吸顶安装

序号	名称	图形符号	安装方式
7	输入模块箱		设备旁距地1.5m或吊顶内安装
8	总线短路隔离器		吊顶或随报警探测器内安装
9	水流指示器		详给排水专业
10	信号阀		详给排水专业
11	增压送风口		详通风专业
12	楼层接线端子箱		

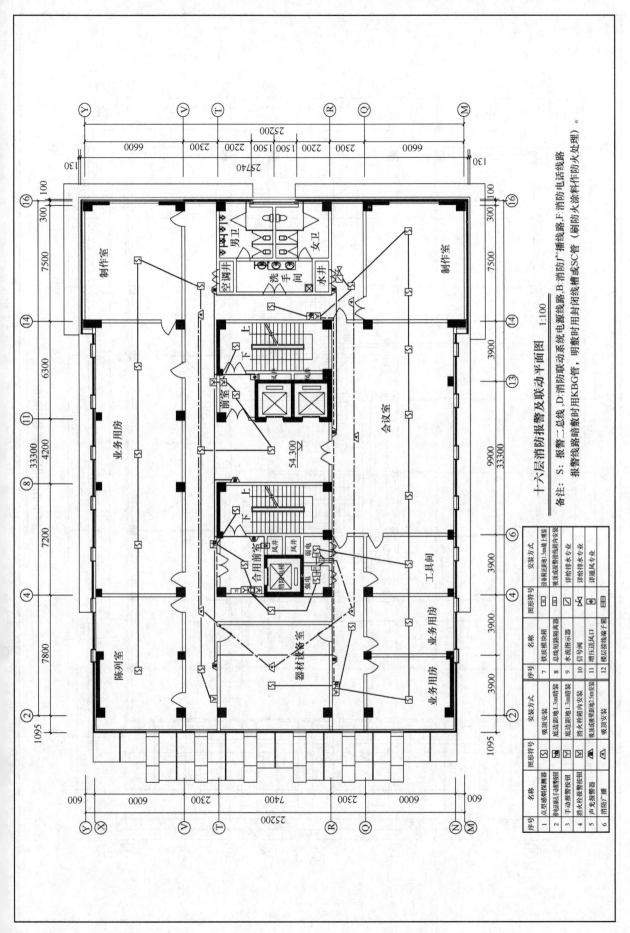

十六层消防报警及联动平面图 1:100

备注：S：报警二总线，D：消防联动电源线路，B：消防广播线路，F：消防电话线路
报警线路暗敷时用KBG管，明敷时用封闭线槽或SC管（刷防火涂料作防火处理）。

序号	名称	图形符号	安装方式
1	点型感烟探测器		吸顶安装
2	带电话插孔手动报警按钮		底边距地1.3m暗装
3	手动报警按钮		底边距地1.3m暗装
4	消火栓报警按钮		消火栓箱内安装
5	声光报警器		吸顶或距地2.5m安装
6	消防广播		吸顶安装
7	隔离模块箱		设备附近距墙1.5m吸顶安装
8	总线短路隔离器		吸顶或隔爆线箱内安装
9	水流指示器		详给排水专业
10	信号阀		详给排水专业
11	增压送风口		详通风专业
12	楼层接线端子箱		详通风专业

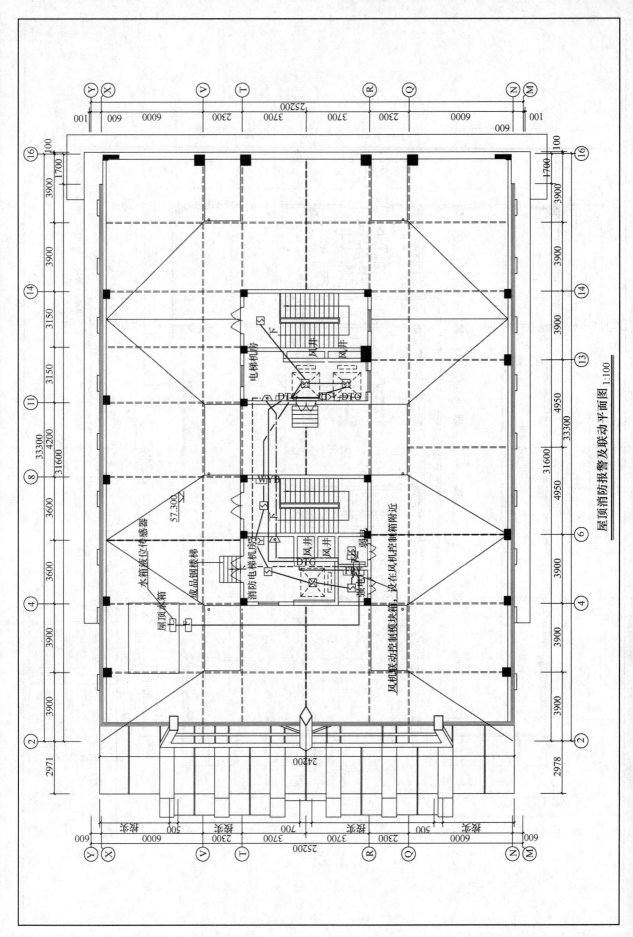

屋顶消防报警及联动平面图 1:100

推 荐 阅 读

涉及国家有关消防设计规范标准有：

1. 《建筑设计防火规范》GB 50016—2014
2. 《自动喷水灭火系统设计规范》GB 50084—2001（2015 年版）
3. 《火灾自动报警系统设计规范》GB 50116—2013
4. 《建筑灭火器配置设计规范》GB 50140—2005
5. 《泡沫灭火系统设计规范》GB 50151—2010
6. 《水喷雾灭火系统设计规范》GB 502190—2014
7. 《气体灭火系统设计规范》GB 50370—2005
8. 《建筑内部装修设计防火规范》GB 50222—2001
9. 《固定消防炮灭火系统设计规范》GB 50338—2003
10. 《干粉灭火系统设计规范》GB 50347—2004
11. 《气压给水设计规范》CECS 76—1995
12. 《建筑消防设施检测技术规程》GA503—2004
13. 《自动喷水灭火系统施工及验收规范》GB 50261—2005
14. 《气体灭火系统施工及验收规范》GB 50263—2007
15. 《泡沫灭火系统施工及验收规范》GB 50281—2006
16. 《火灾自动报警系统施工及验收规范》GB 50166—2007
17. 《建筑电气工程施工质量验收规范》GB 50303—2012
18. 《压缩机、风机、泵安装工程施工及验收规范》GB 50275—2010
19. 《机械设备安装工程施工及验收通用规范》GB 50231—2009
20. 《智能建筑工程质量验收规范》GB 50339—2013
21. 《消防控制室通用技术要求》GB 25506—2010
22. 《消防联动控制系统》GB 16806—2006
23. 《电气火灾监控系统》GB 14287—2014
24. 《火灾报警控制器》GB 4717—2005
25. 《防火门》GB 12955—2008
26. 《防火卷帘》GB 14102—2005
27. 《可燃气体报警控制器技术要求和试验方法》GB 16808—2008
28. 《消防应急灯具》GB 17945—2010
29. 《公共场所阻燃制品及组件燃烧性能要求和标识》GB 20286—2006
30. 《建筑防火封堵应用技术规程》CECS 154—2003
31. 《火灾防护》IEC60364—4—482—1982
32. 《建设工程消防验收评定规则》GA 836—2009

33.《建筑消防设施的维护管理》GB 25201—2010

34.《重大火灾隐患判定方法》GA 653—2006

35.《消防产品现场检查判定规则》GA 588—2012

36.《低压配电设计规范》GB 50054—2011

37.《人员密集场所消防安全管理》GA 654—2006

38.《爆炸和火灾危险场所环境电气装置施工及验收规范》GB 50168—2006

39.《民用建筑电气设计规范》JGJ 16—2008

40.《电气装置安装工程盘、柜及二次回路接线施工及验收规范》GB 50171—2012

41.《电气装置安装工程电气照明装置施工及验收规范》GB 50259—1996

42.《电气装置安装工程接地装置施工及验收规范》GB 50169—2006

43.《电气装置安装工程 1kV 及以下配线工程施工及验收规范》GB 50258—1996

多媒体资源知识点目录

项目3 消防联动控制系统

序号	资源名称	类型	页码
22	MOOC教学视频	教学视频	55
23	消火栓灭火系统的工作原理	平面动画	56
24	消火栓水泵电路控制	平面动画	59
25	湿式自动喷水灭火系统的组成及工作原理	平面动画	62
26	水流指示器	三维	63
27	喷头	三维	65
28	湿式报警阀组	三维	65
29	湿式报警阀	三维	65
30	水力警铃	三维	66
31	压力开关	三维	66
32	末端试水装置	三维	66
33	干式自动喷水灭火系统工作原理	平面动画	66
34	预作用自动喷水灭火系统的工作原理	平面动画	68
35	自动喷水－泡沫灭火系统工作原理	平面动画	71
36	自动雨淋灭火系统工作原理	平面动画	71
37	自动水幕系统工作原理	平面动画	71
38	自动水喷雾灭火系统工作原理	平面动画	75
39	气体灭火系统工作原理	平面动画	76
40	防排烟系统的工作原理	平面动画	83
41	机械排烟系统	平面动画	84
42	排烟防火阀	平面动画	85
43	机械加压送风系统	平面动画	87
44	防火门的工作原理	平面动画	89
45	防火门	三维	91
46	防火卷帘门的工作原理	平面动画	91
47	火灾应急照明的工作原理	平面动画	93
48	安全出口指示灯	三维	95
49	安全疏散指示灯	三维	95
50	应急照明指示灯	三维	95
51	火灾应急广播系统的工作原理	平面动画	101
52	消防专用电话系统工作原理	平面动画	104
53	总线消防电话主机	三维	105
54	总线消防电话分机	三维	105
55	消防电话插孔门	三维	105
56	电梯控制工作原理	平面动画	107
57	云题	云题	109

项目 4　火灾自动报警系统设计实训

序号	资源名称	类型	页码
58	MOOC 教学视频	教学视频	111

项目 5　火灾自动报警与联动控制系统安装调试与检测

序　号	资　源　名　称	类　型	页　码
59	MOOC 教学视频	教学视频	120
60	识读消防系统工程施工系统图	知识点视频	123
61	暗配线布管方法	知识点视频	124
62	桥架的安装	知识点视频	125
63	管内穿线方法	知识点视频	127
64	对线	知识点视频	128
65	典型感温火灾探测器安装与测试	知识点视频	129
66	火灾手动报警按钮安装与测试	知识点视频	132
67	火灾声光报警器的安装与测试	知识点视频	133
68	消火栓按钮的安装	知识点视频	134
69	输入模块的安装	知识点视频	135
70	输入输出模块的安装	知识点视频	137
71	火灾报警系统的联动调试	知识点视频	138
72	火灾自动报警系统的联动编程	知识点视频	138
73	火灾报警控制器的调试	知识点视频	138
74	消防专用电话的调试	知识点视频	141
75	消防应急广播的调试	知识点视频	141
76	云题	云题	180

主 要 参 考 文 献

1. 王建玉. 消防报警及联动控制系统的安装与维护[M]. 北京：机械工业出版社，2011.
2. 徐鹤生、周广连. 建筑消防系统[M]. 北京：高等教育出版社，2010.
3. 孙景芝. 电气消防技术[M]. 北京：中国建筑工业出版社，2011.
4. 孙景芝. 建筑电气消防系统工程设计与施工[M]. 武汉：武汉理工大学出版社，2013.
5. 公安部消防局组织. 消防安全技术实务[M]. 北京：机械工业出版社，2014.
6. 公安部消防局组织. 消防安全技术综合能力[M]. 北京：机械工业出版社，2014.
7. 公安部消防局组织. 消防安全案例分析[M]. 北京：机械工业出版社，2014.